W0254661

a cura di
Liù M. Catena • Ivan Davoli

Oltre i materiali.
La scienza tra le nostre dita

Quaranta storie di lavoro e formazione

Prefazione di Piero Angela

LIÙ M. CATENA
IVAN DAVOLI
Università degli Studi di Roma Tor Vergata

La pubblicazione di questo libro è parte del progetto nazionale PLS (Piano Lauree Scientifiche), nato da un programma di collaborazione tra il MIUR (Ministero dell'Istruzione, Università e Ricerca), la Conferenza Nazionale dei Presidi delle Facoltà di Scienze e Tecnologie e Confindustria.

www.progettolaureescientifiche.eu

ISBN 978-88-470-1761-0 e-ISBN 978-88-470-1762-7

DOI 10.1007/978-88-470-1762-7

Progetto grafico: Orfeo Pagnani
Impaginazione: **om**grafica, Roma
Progetto grafico originale della copertina: Simona Colombo, Milano
Stampa: Grafiche Porpora, Segrate (MI)

Stampato in Italia

Springer-Verlag Italia S.r.l., via Decembrio 28, I-20137 Milano
Springer-Verlag fa parte di Springer Science+Business Media (www.springer.com)

Sommario

Prefazione
di Piero Angela 7

Corsi di laurea scientifici: un'opportunità per il lavoro
di Nicola Vittorio 11

Scienza dei materiali e didattica nella scuola e nell'università
di Michele Catti 15

La rivoluzione scientifica della seconda metà del XX secolo
di Ivan Davoli 19

Quaranta storie narrate con...
di Liù M. Catena 31

Biografie 34

Un'importante esperienza di innovazione nell'apprendimento universitario
di Luigi Berlinguer 205

Indici 209

Film sottile di bario stronzio titanato.
Micrografia di Simone Battiston, CNR - IENI (Istituto per l'Energetica e le Interfasi, Padova) e Andrea Leto (Piezotech Japan Ltd, Kyoto - Giappone). Appartiene al gruppo di foto inviate al concorso internazionale <Nano Art 2009-2010, International online exhibition>. Si sono classificate al primo posto.

Prefazione

di Piero Angela

Cella di effusione per U.H.V. (Ultra Alto Vuoto)

Nel 2004 a SuperQuark, sollecitati da un docente dell'Università di Roma Tor Vergata oggi fra gli autori di questo libro, scegliemmo di dedicare un servizio a un corso di laurea semisconosciuto: vi si iscrivevano ogni anno solo 300 ragazzi in tutta Italia. Era il corso di laurea in scienza e tecnologia dei materiali. Aprite un computer, un iPad, un'automobile o qualsiasi altra tecnologia e vi troverete dentro un materiale avanzato. E se non lo troverete lì, lo troverete nel loro processo di produzione. Questa scienza a cavallo fra la fisica, la chimica e l'ingegneria produce infatti nuovi materiali dalle proprietà straordinarie, che a loro volta permettono di realizzare tecnologie straordinarie. È così che il silicio della sabbia è stato trasformato in circuiti integrati per computer e telefonini. Ed è così che sono nati il goretex, il teflon, i cristalli liquidi, le fibre ottiche, i superconduttori per i treni a levitazione magnetica, il kevlar, le fibre di carbonio per attrezzi sportivi e aeroplani, e mille altre cose. La scienza dei materiali, insomma, realizza un po' il sogno degli antichi alchimisti: trasformare ciò che vale poco in qualcosa di nuovo e di grande valore. Ma saper combinare cose già conosciute per crearne di nuove – in questo caso disporre atomi e molecole in modo tale da creare nuovi materiali "su misura" – è anche l'essenza stessa della creatività. Possibile che così pochi ragazzi volessero cogliere l'occasione di uno studio e poi di un lavoro che consentono di costruire – letteralmente – il mondo di domani?

C'era una tale sproporzione fra l'importanza di questi studi e il numero delle matricole che ci mettemmo d'impegno, con Giovanni Carrada, per realizzare il servizio. Forse il problema era semplicemente che di fronte alla parola "materiali" molti ragazzi pensano al legno, al ferro, al massimo alla plastica, insomma a qualcosa di prosaico, vecchio, e molto probabilmente noioso. O a un lavoro che li avrebbe confinati in qualche retrobottega industriale senza futuro.
Il destino di questo corso di laurea rappresentava inoltre un caso solo più paradossale di altri nel preoccupante panorama dell'orientamento universitario, una delle emergenze più trascurate del nostro paese. Negli atenei italiani sono spesso affollatissimi corsi di laurea dagli sbocchi professionali a dir poco incerti, a scapito di altri che ne offrono invece molti di più, come quelli scientifici e in particolare le cosiddette "scienze dure": matematica, fisica e chimica. Certo, non si tratta di corsi di laurea facili, come non lo è quello in scienza e tecnologia dei materiali, ma non bisognerebbe mai dimenticare che una laurea che costa poco (in termini di fatica e impegno) è anche una laurea che vale poco nella vita. E viceversa.
Sul mercato del lavoro, chi ha da offrire una competenza solida e rara, può dettare le sue condizioni. Chi non ce l'ha è invece costretto ad accettare le condizioni che gli impongono. Oggi, molti problemi dei giovani italiani nascono purtroppo proprio dall'aver "investito" questi preziosissimi anni nel corso di laurea sbagliato. Pensate che, secondo l'Istat, per oltre metà dei laureati l'impiego non ha nulla a che fare con gli studi fatti.
Il corso di laurea in scienza e tecnologia dei materiali offre fra le migliori opportunità di lavoro, e per fortuna, dopo la messa in onda del nostro servizio, le iscrizioni ai corsi di laurea in scienza e tecnologia dei materiali in Italia più che raddoppiarono, nonostante alcune sedi avessero per quella data già chiuso le iscrizioni. Per noi di SuperQuark, è stata e resta ancora una grande soddisfazione.
Forse grazie anche al nostro piccolo contributo, molte cose sono cambiate in questi ultimi anni e tanti ragazzi e ragazze hanno scelto questo corso di laurea per il loro futuro. Moltissimi, però, continuano ancora a perdere questa occasione perché non ne conoscono neppure l'esistenza, o perché ne hanno un'idea troppo superficiale. Questo libro è destinato proprio a far sapere di che cosa si tratta o correggere eventuali impressioni sbagliate. E lo fa nel modo più naturale, cioè raccontando le storie di ragazzi e ragazze che hanno fatto questa scelta.
Cari futuri studenti, insomma, buona lettura.

Modello di una superficie di GaAs.

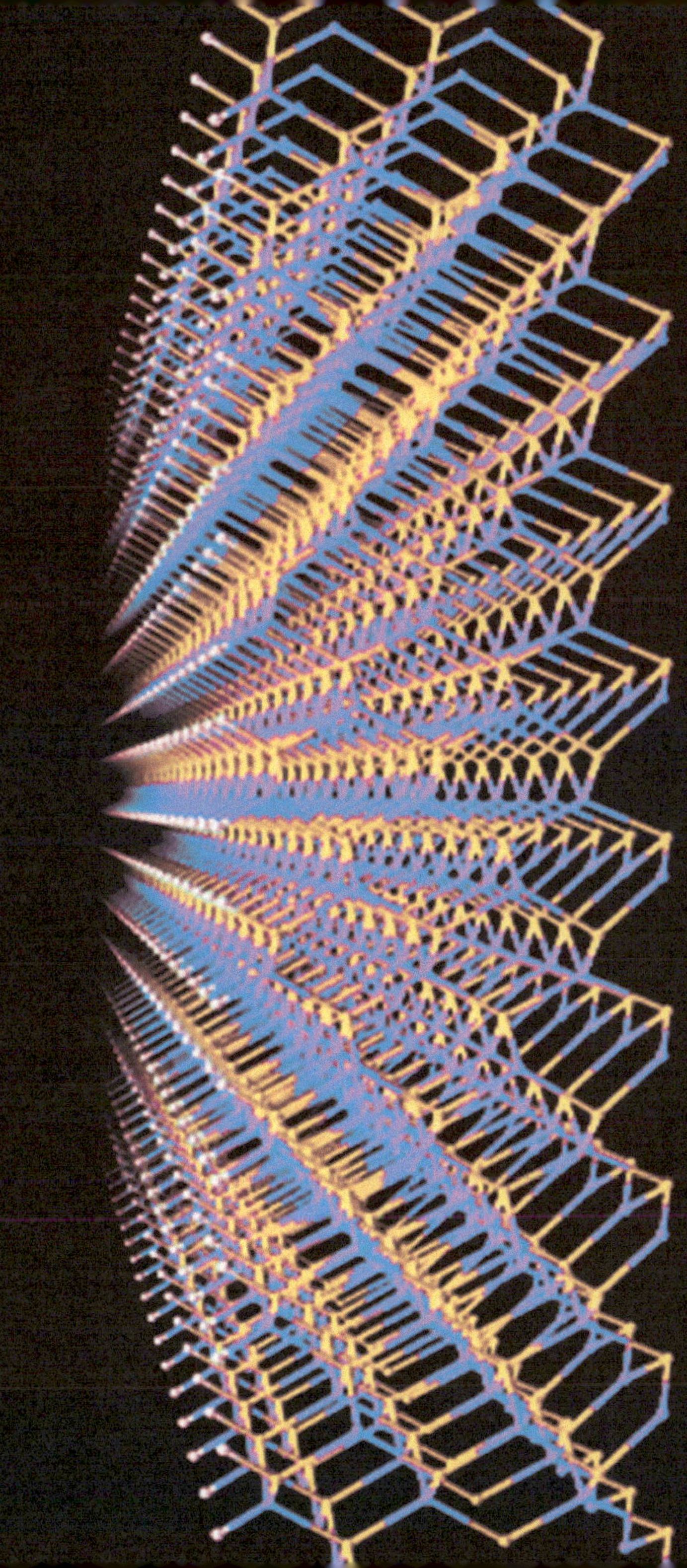

Sezione di un cavo elettrico superconduttore (ENEA, Lab. di Frascati).

Corsi di laurea scientifici: un'opportunità per il futuro

di Nicola Vittorio

Professore Ordinario
Università degli Studi di Roma Tor Vergata
Coordinatore Nazionale del Piano Lauree Scientifiche

Mi è venuto naturale, nello scrivere questo mio breve contributo, ricordare come io sono arrivato ad iscrivermi al corso di laurea in Fisica. La mia scelta è stata in larga parte fatta al buio. Venivo dal liceo classico e il mio bagaglio di matematica si esauriva con la trigonometria. In quanto alla fisica, l'avevo studiata solo sui libri senza averne mai provato la dimensione sperimentale. Eppure, avevo avuto un insegnante di matematica particolarmente bravo, il professor Siragò, il quale mi aveva fatto capire ed amare la matematica al di là del suo aspetto formale e di astrazione, facendomene intuire (più che vedere) la potenzialità come linguaggio per descrivere e risolvere un problema. Fu lui a spingermi verso la fisica. Ricordo anche l'insegnante di chimica, la professoressa Luzzatti, che aveva svolto un programma di chimica di ottimo livello, utilissimo per quando arrivai all'università. La stessa insegnante aveva inoltre avuto il merito: i) di parlarci, durante le sue lezioni, non solo degli argomenti del programma ma anche di temi legati alla ricerca; ii) di portarci in laboratorio e di coinvolgerci in alcuni esperimenti semplici che facevamo sul tetto della scuola per misurare l'inquinamento atmosferico. Rammento anche che verso la fine del terzo liceo, prima della maturità, vennero a scuola dei docenti universitari, ma francamente non ho a mente nulla di quello che dissero e la loro visita fu del tutto ininfluente nella mia scelta successiva. Ho voluto richiamare un'esperienza che si colloca, purtroppo per me, nel 1972, perché la credo utile per iniziare un ragionamento.

Foto STM: atomi di ferro su una superficie vicinale di silicio (Dip. Fisica, Università di Roma Tor Vergata).

Molte cose sono cambiate dal 1972, e molte devono ancora cambiare. In una società sempre più dominata dalla comunicazione di massa, le scelte individuali sono sempre più condizionate da mode, tendenze e stereotipi. Diventa quindi cruciale il ruolo che gli istituti scolastici e, soprattutto, gli insegnanti hanno nell'offrire agli studenti opportunità di orientamento formativo, mettendo lo studente nelle condizioni di confrontarsi con temi e problemi, abituandolo ad autovalutare la propria preparazione e ad individuare le proprie attitudini: un orientamento formativo che accompagni lo studente negli ultimi tre anni delle superiori, anche per far conoscere le tematiche affrontate dai corsi di studio universitari e gli sbocchi occupazionali che i vari corsi di laurea possono oggi offrire. Non vi è dubbio che il ruolo dell'insegnante è fondamentale in questo processo, così come lo fu per me trent'anni fa.
Da ormai dieci anni le università italiane hanno cambiato la loro offerta formativa, organizzandola in due livelli: il primo, di durata triennale, porta al conseguimento della laurea; il secondo, di durata biennale, porta a quello della laurea magistrale (ex laurea specialistica). La riforma del cosiddetto "3+2" aveva l'obiettivo di armonizzare la formazione universitaria a livello europeo e aumentare la mobilità degli studenti tra i paesi dell'Unione. Questa riforma ha avuto in Italia una rapida attuazione, da un lato per aumentare il numero di persone capaci di conseguire un titolo universitario, dall'altro per risolvere il fenomeno degli abbandoni. Prima della riforma, su 100 immatricolati solamente 30 riuscivano a finire il corso di studi al quale si erano inizialmente iscritti. Quello degli abbandoni, oltre ad essere un'ingiustizia sociale, in quanto tocca spesso la parte più debole della popolazione, è uno sperpero di risorse per il paese, sia finanziario che di capitale umano. È quindi giusto che si intervenga in modo strutturale per rendere il passaggio dalla scuola all'università meno critico, più consapevole, informando gli studenti di quello che li aspetta, soprattutto per quanto riguarda la carriera universitaria. Molto è stato fatto, ma molto c'è ancora da fare, in modo particolare per i corsi di laurea di tipo scientifico.
C'è la convinzione diffusa che le carriere scientifiche abbiano una bassa ricaduta sociale e non offrano prospettive di lavoro interessanti (in rapporto alla loro difficoltà). Sembra poi essere estesa, fra le ragazze, la percezione che questi studi non abbiano quella utilità sociale offerta da altre tipologie di studi (tipicamente nelle scienze sanitarie e della vita). Tutto questo non è cosa di poco conto, ha radici profonde, sottolinea la bassa diffusione della cultura scientifica nel nostro paese ed è sintomo di un distacco molto profondo tra studio e insegnamento di una materia scientifica da un lato, e conoscenza delle corrispondenti prospettive occupazionali dall'altro. Il mercato del lavoro è diventato sempre più globalizzato e, negli ultimi anni, fortemente penalizzato da una crisi economica a livello mondiale. Forse mai come oggi è stato evidente che la formazione da un lato, e la scienza e la tecnologia dall'altro, sono non tanto un

fine quanto piuttosto un mezzo per raggiungere competitività e benessere economico. La formazione scientifica diventa quindi un investimento dell'individuo per la sua crescita professionale e la sua mobilità sociale, ma è anche un investimento della società per la crescita ed il benessere collettivo. Tutto questo per dire che il raccordo tra scuola e università è strategico per consentire ai ragazzi di maturare scelte consapevoli, avendo chiaro quali sono gli sbocchi e gli esiti lavorativi che un certo corso di studi è in grado di offrire. Oggi diventa importante chiedersi: e poi? Quale sarà il mio sbocco lavorativo? Mi conviene andare sul sicuro? Queste domande, assolutamente legittime, hanno spesso allontanato i giovani dalle materie scientifiche, proprio per la scarsa sensazione di quanto la ricerca sia oggi necessaria all'interno delle imprese per mantenerle ad un livello di competitività e di produttività adeguato.
Vorrei aggiungere che mai come oggi c'è necessità di cultura scientifica diffusa ad ogni livello dalla popolazione. L'educazione al pensiero critico è alla base di ogni scelta consapevole degli individui, anche nella loro vita privata, ed è il primo tassello della costruzione di uno stato di diritto in una società democratica che possa veramente dirsi tale. La società si basa sempre di più su conoscenze scientifiche e tecnologiche i cui fondamenti non possono più essere ignorati dai cittadini, per comprendere e/o condividere le scelte fatte dalla politica in diversi ambiti (l'energia, l'ambiente, ecc.), per capire che i guasti delle cattive tecnologie possono essere riparati solo da una tecnologia migliore. Infine, e non per ordine di importanza, la cultura scientifica, libera da credenze e spiegazioni antropomorfiche, promuove l'autonomia intellettuale e rafforza il nostro senso di appartenenza alla natura. È allora evidente il ruolo strategico che l'insegnamento delle materie scientifiche nella scuola secondaria di secondo grado ha per il futuro del paese.
Vorrei terminare questo mio intervento ricordando che, dopo cinque anni di sperimentazione, il Ministero dell'Istruzione, dell'Università e della Ricerca (MIUR) ha varato (d'intesa con la Conferenza Nazionale dei Presidi delle Facoltà di Scienze e con Confindustria) il Piano Nazionale per le Lauree Scientifiche. Gli obiettivi del piano sono da un lato quelli dell'orientamento formativo degli studenti (per conoscere e approfondire temi caratteristici dei saperi scientifici) e dall'altro quello della crescita professionale degli insegnanti in servizio (per perfezionare le loro conoscenze disciplinari e per meglio motivare gli studenti nell'apprendimento delle materie scientifiche). Questo volume vuole contribuire a questo processo presentando, attraverso le testimonianze di giovani ex studenti, un ventaglio di sbocchi lavorativi che il corso di laurea in Scienza dei Materiali può offrire a laureati, laureati magistrali e, anche, a dottori di ricerca.
Sono sicuro che sarà di interesse per gli studenti, le loro famiglie e per gli insegnanti; soprattutto per conoscere le occasioni di lavoro che questo corso di laurea porge anche ad un laureato di primo livello.

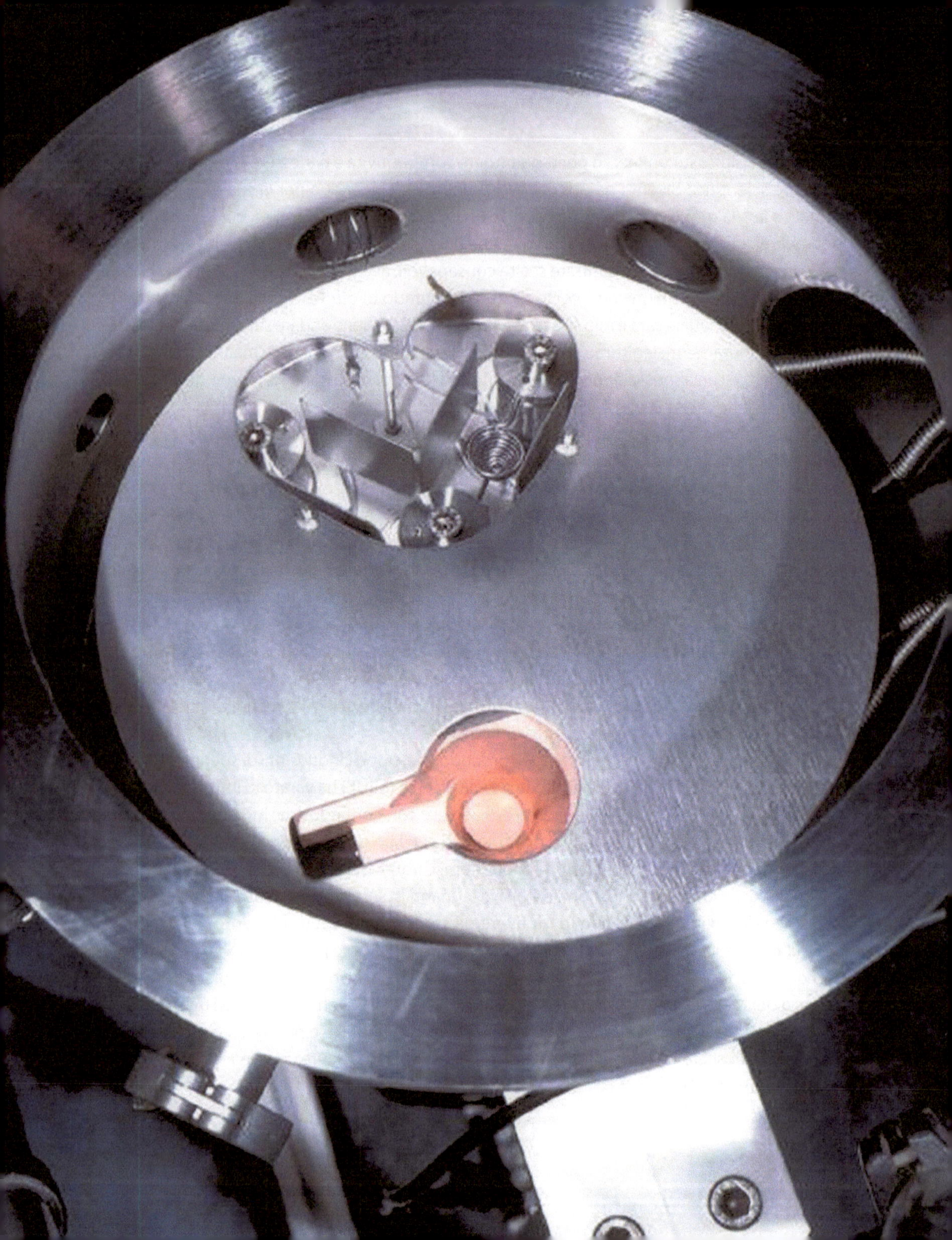

Protesi dell'anca:
simulazione di movimento.

Scienza dei materiali e didattica nella scuola e nell'università

di Michele Catti
Professore Ordinario
Università degli Studi di Milano-Bicocca
Coordinatore Nazionale dell'area
Scienza dei Materiali
del Piano Lauree Scientifiche

La scienza dei materiali è nata nella seconda metà del Novecento, con la caratteristica fondamentale di essere interdisciplinare fra la fisica e la chimica della materia solida. Il grande sviluppo autonomo di questo settore scientifico, e il fatto che in esso la distinzione tra aspetti fisici e aspetti chimici perda spesso significato, ha giustificato la creazione di una nuova disciplina indipendente. L'altro connotato centrale della scienza dei materiali è la sua stretta relazione con gli aspetti tecnologici dei fenomeni che sono suo oggetto di studio, come il concetto stesso di "materiale", intrinsecamente legato alle proprietà applicative, chiaramente testimonia. Basterà pensare ai semiconduttori, materiale base dei dispositivi elettronici e informatici, ai polimeri (materie plastiche), alle leghe metalliche speciali, ai ceramici avanzati, ai vetri per la fotonica, agli ossidi intercalati per le batterie ricaricabili al litio, e a tanti altri esempi consimili.
Proprio per la sua giovinezza e relativa complessità, la scienza dei materiali è attualmente insegnata nelle università, ma non nella scuola media inferiore e superiore. Corsi di laurea di primo livello in Scienza dei Materiali, metà circa dei quali afferiscono alla classe di Chimica e metà alla classe di Fisica, sono attivati in una decina di università italiane.

Particolare di una camera per deposizione di film metallici.

In molte di esse sono anche presenti corsi di laurea di secondo livello in Scienza dei Materiali, e scuole di dottorato di ricerca sulla stessa tematica. La nascita dell'attività formativa universitaria nel campo della scienza dei materiali, avvenuta una quindicina di anni fa, servì a colmare una grave lacuna rispetto all'offerta didattica esistente da decenni nella maggior parte delle università europee, americane e giapponesi. Infatti, come si è detto sopra, la scienza dei materiali copre uno spazio culturale e tecnologico di primaria importanza a cavallo della fisica della materia e della chimica dello stato solido. Esse sono tra loro strettamente legate nella visione moderna, e da questa concezione interdisciplinare hanno tratto l'impulso vigoroso alle scoperte ed innovazioni degli ultimi anni. Le ricadute tecnologiche costituiscono la base per un possibile sviluppo industriale dell'Italia che mantenga il collegamento con le nazioni di punta a livello mondiale. A questo proposito, è opportuno ancora sottolineare che i percorsi formativi universitari incentrati sulla scienza dei materiali sono nati anche come risposta a una domanda esplicita del mercato del lavoro, proveniente da importanti settori industriali collocati in diverse regioni italiane.
Poiché la scienza dei materiali non è presente nei programmi d'insegnamento della scuola, gli studenti secondari non sono evidentemente al corrente della sua natura e, spesso, della sua esistenza. A loro volta, gli insegnanti di fisica e di chimica della scuola media superiore hanno sovente un'idea sommaria dei contenuti della scienza dei materiali, della sua importanza, e di come elementi di questa disciplina potrebbero ravvivare e modernizzare gli argomenti di chimica e di fisica che essi insegnano. Per cercare di rimediare in parte a queste carenze, all'interno del Progetto Lauree Scientifiche (PLS), istituito nel 2005 dal Ministero dell'Istruzione, Università e Ricerca, è stato creato un progetto apposito per la scienza dei materiali, affiancandolo a quelli per la matematica, per la fisica e per la chimica. L'obiettivo principale del PLS è quello di orientare gli studenti medi e formare i loro insegnanti verso le discipline dei corsi di laurea afferenti alle classi di matematica, fisica e chimica. Lo strumento più importante di questa azione è costituito dall'istituzione di laboratori, presso le sedi universitarie o presso le scuole, dove gli studenti (assistiti da personale universitario e da insegnanti) possano compiere sperimentazioni e esercitazioni appositamente predisposte, così da acquisire una conoscenza più diretta del moderno metodo di lavoro scientifico e di alcune tematiche particolarmente stimolanti in ciascuna delle quattro discipline. Per i motivi sopra esposti, le finalità e il modo operativo del PLS sono particolarmente rilevanti nel caso della scienza dei materiali, che ha tratto grandi vantaggi di diffusione di conoscenza e di apprezzamento dalla sua partecipazione al primo quadriennio 2005-2009 di vita del PLS.

Hanno preso parte al PLS-scienza dei materiali, in questo periodo, le sedi universitarie di Milano Bicocca, Padova, Venezia, Torino, Piemonte orientale, Genova, Parma, Roma Tor Vergata, Napoli, Bari, Cagliari, Cosenza. I laboratori sono stati organizzati con il concorso di un migliaio di insegnanti appartenenti a più di duecento scuole medie superiori, e sono stati frequentati da circa quindicimila studenti. Mediante l'analisi dei questionari di gradimento e valutazione distribuiti a studenti e insegnanti al termine dei laboratori, si sono potute trarre conclusioni molto positive sui risultati dell'iniziativa. In particolare, gli studenti hanno apprezzato molto l'efficacia del lavoro di gruppo e dell'impegno diretto in sperimentazioni d'interesse applicativo immediato, e gli insegnanti si sono sentiti gratificati dal rapporto triangolare con docenti universitari e studenti e dal contatto con le tematiche interdisciplinari proprie della scienza dei materiali.

In definitiva, ci auguriamo che il MIUR continui a sostenere in futuro azioni come il PLS, che per la scienza dei materiali svolgono un ruolo insostituibile nel diffondere l'informazione sulla disciplina e sui suoi contenuti tra i giovani della fascia di età pre-universitaria. La modernizzazione della conoscenza e della pratica scientifica in Italia, e la creazione di nuove opportunità di lavoro ad alto contenuto intellettuale, possono ricevere un contributo importante anche da questo.

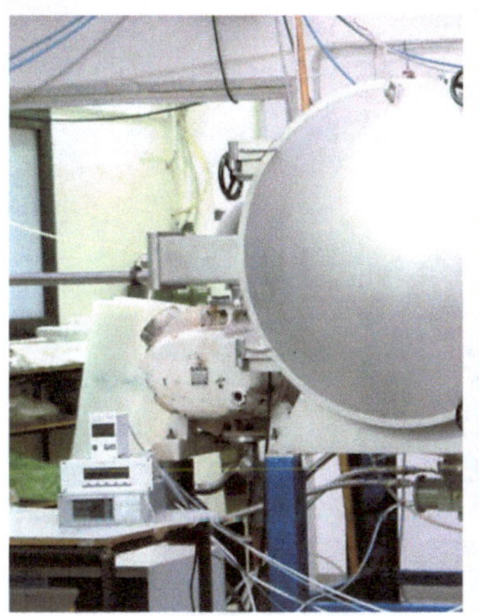
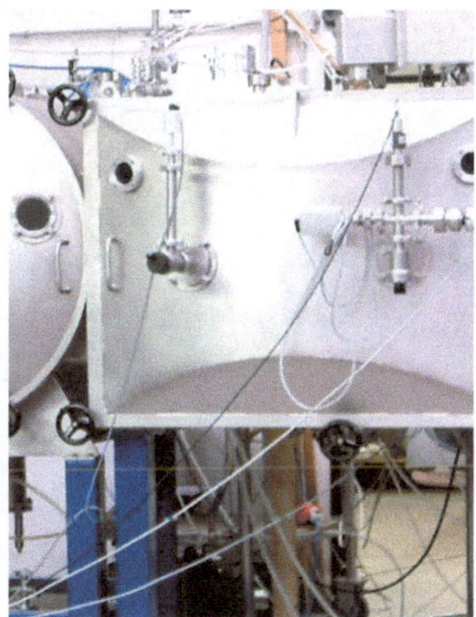

Camera di U.H.V. per deposizioni industriali.

La rivoluzione scientifica della seconda metà del XX secolo

di Ivan Davoli

Professore Associato
Università degli Studi di Roma Tor Vergata
Coordinatore Nazionale dei presidenti di CCL in Scienza dei Materiali

Le nanoscienze e i nuovi materiali

I termini nanoscienza e nanotecnologia sono ormai parte del lessico comune, anche se il significato preciso sfugge a chi ha una conoscenza del mondo esclusivamente "intuitiva". Quando le dimensioni degli oggetti coinvolti in un fenomeno fisico, chimico o biologico diventano piccoli quanto la miliardesima parte di un metro (1 nm = 10^{-9} m), la comprensione intuitiva, che la natura macroscopica del mondo reale ha sviluppato negli esseri umani, perde la sua validità. Su scala nanometrica i fenomeni fisici devono essere descritti seguendo le leggi della meccanica quantistica, una rappresentazione dell'"infinitamente piccolo" che ha una struttura logica sua propria e che si apprende, normalmente, a livello universitario perché si basa su concetti probabilistici e la matematica necessaria a descriverli non è proprio banale.

Questa scienza è nata, e si è sviluppata, nella prima metà del secolo scorso, e da allora il suo impatto nella cultura e nella vita quotidiana è sempre stato importante. Solo per fare un esempio, i telefonini, che tutti usano con grande disinvoltura, dai ragazzi in età pre-scolare alle vecchie nonne ansiose, sono il risultato della miniaturizzazione dei componenti elettronici e dello sviluppo delle batterie a stato solido. Senza questi risultati, ottenuti grazie all'applicazione della meccanica quantistica, il telefonino sarebbe rimasto un ingombrante radio-telefono apprezzato prevalentemente negli ambienti militari.

Particolari dell'interno di una camera di U.H.V.

Le nanoscienze e le nanotecnologie sono il risultato della meccanica quantistica applicata allo studio dei nuovi materiali e sono parti integranti di quell'insieme di tecniche costituito da protocolli di crescita, modelli di strutture atomiche e metodi sperimentali di indagine, che va sotto il nome di scienza dei materiali.

Da sempre gli uomini hanno cercato di trasformare i materiali a loro disposizione in oggetti di uso quotidiano per migliorare le proprie condizioni di vita, e man mano che le condizioni di vita miglioravano i materiali prodotti e utilizzati diventavano più preziosi e più complessi. Questo lo spiegano bene gli antropologi culturali che per datare l'evoluzione sociale dell'Uomo utilizzano i nomi dei materiali più diffusi nei ritrovamenti archeologici: Età della Pietra, Età del Rame, Età del Bronzo etc. sottintendendo che sia necessaria un'organizzazione sociale sempre più evoluta per utilizzare materiali via via più complessi. A noi però interessa parlare della moderna scienza dei materiali, quella che ha determinato lo stile di vita dalla fine della Seconda Guerra Mondiale a oggi e sempre più lo determinerà nel prossimo futuro.

La scienza dei materiali non è solo nanoscienza e nanotecnologia e non si esaurisce nella miniaturizzazione dei componenti elettronici. Lungo la strada che dall'invenzione del transistor ci ha portato ai VLIC (Very Large Integrated Circuits) e prossimamente all'elettronica ultra veloce, si sono sviluppate tecniche fondamentali anche per lo studio di altri composti e di altri materiali. Un elenco esaustivo di tutti i campi di intervento della scienza dei materiali sarebbe impossibile, ma la messa in evidenza dei più indicativi è pur sempre doverosa e se ne può tracciare un profilo per punti.

1. I progressi scientifici nel campo dell'ICT (Information e Communication Technology) sono già stati richiamati, ma oltre alla miniaturizzazione che è in perenne sviluppo e alla capacità di memoria che aumenta giorno dopo giorno, bisogna ricordare anche l'invenzione degli schermi piatti, passati in pochissimo tempo dalla tecnologia al plasma a quella LCD con risultati eccellenti sia in termini di luminosità e di contrasto che in termini di bassi costi e bassi consumi. Inoltre con l'utilizzo dei nanotubi di carbonio sarà possibile spingere la miniaturizzazione fin dentro la scala nanometrica, così da rendere prossimo il raggiungimento della comunicazione nella banda dei THz (1 terahertz = 10^{12} Hz).

2. Fra le fonti di energie rinnovabili si assiste a un costante incremento della ricerca di nuovi semiconduttori, convinti che per consolidare l'uso delle fonti di energia alternativa sia necessario trovare nuovi materiali che abbiano rendimenti sempre più alti e tempi di funzionamento sempre più lunghi. Lo sviluppo di celle solari a film sottile, CdTe e CIGS, hanno già rendimenti competitivi con le celle a base di silicio e aprono nuove prospettive commerciali come l'utilizzo di supporti flessibili, mentre nel campo delle ricerche più esoti-

che fervono gli studi sulle celle fotovoltaiche organiche che possono utilizzare materiali molto comuni come il mirtillo o altri frutti di bosco purché contenenti antocianina o altre sostanze sensibili alla luce solare.

3. Il *Drug Delivery* (in italiano trasportatori di medicinali) è un campo della ricerca scientifica dove l'interdisciplinarietà fra la fisica, la chimica e la biologia è particolarmente spinta. Si pone l'obiettivo di far arrivare i farmaci in prossimità delle cellule malate senza che il resto dell'organismo subisca gli effetti aggressivi del trattamento farmacologico. I ricercatori di mezzo mondo stanno tentando di immettere i farmaci in nanocapsule di materiale inerte da inglobare in particolari enzimi (di dimensioni più grandi delle nanocapsule) aventi la capacità di riconoscere le cellule malate. Iniettando nel sangue questi enzimi si riuscirà a far arrivare le capsule intatte in prossimità delle cellule malate e successivamente a farle aprire. Questo progetto è ancora in una fase di ricerca, ma non si può negare che le aspettative siano tanto ambiziose quanto interessanti.

4. Lo studio dei materiali medicalmente compatibili ha permesso, in campo ortopedico, di ingegnerizzare protesi mediche sempre meno invasive e più resistenti nel tempo. Ogni anno, migliaia di protesi d'anca e altre parti ossee (rotule, vertebre, gomiti e clavicole...) vengono sostituite migliorando la qualità della vita di altrettanti sfortunati pazienti.

5. Nello sport da oltre un decennio si osserva un impressionante miglioramento dell'attrezzistica (sci, scarpe da roccia, racchette, snow-board) che rende fiorente l'industria del tempo libero. Recentemente si è assistito ad un'accesissima polemica sui troppi record abbattuti durante la competizione dei campionati mondiali di nuoto di Roma (estate 2009) insinuando che l'uso delle nuove tute in poliuretano avrebbe aiutato le prestazioni di molti atleti, migliorando il galleggiamento, riducendo l'attrito delle parti molli del corpo, aumentando la spinta propulsiva dovuta alla forzata irrorazione sanguigna delle spalle e delle braccia.

6. La moda, è ben noto, è costantemente alla ricerca di nuovi tessuti e dal riciclo dei contenitori di plastica si ottiene il pile, un materiale molto versatile con cui si costruiscono T-shirt molto calde e molto economiche. Il gore-tex è un materiale composito fatto da strati diversi che risulta essere molto resistente e permette la traspirazione del corpo. Con questo materiale si producono eleganti giacche invernali e scarpe che fanno molta tendenza. A livello sperimentale si producono camicie che si stirano con un asciugacapelli. Esse contengono sottilissimi fili di nitinol, una lega di nichel e titanio che può ritrovare la sua forma originaria se sottoposta ad una temperatura di poco superiore alla temperatura ambiente.

7. Anche i beni culturali sono stati beneficiati dallo sviluppo della scienza dei materiali. La strumentazione e le tecniche di indagine che analizzano le composizioni chimiche o le

Immagini del Dip. Scienze e Tecnologie Chimiche, Università di Roma Tor Vergata.

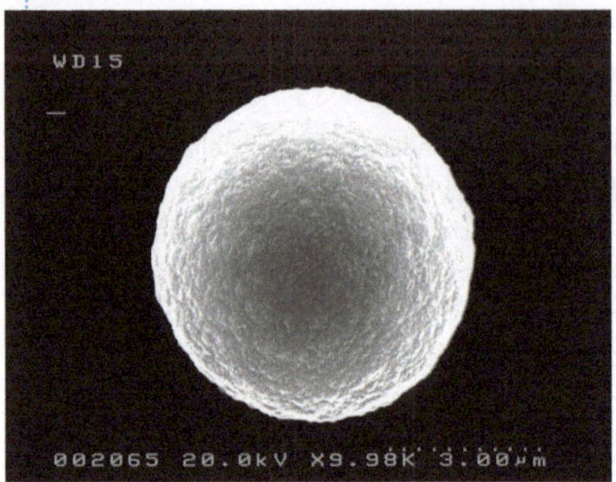

Aggregato di nanodiamanti.

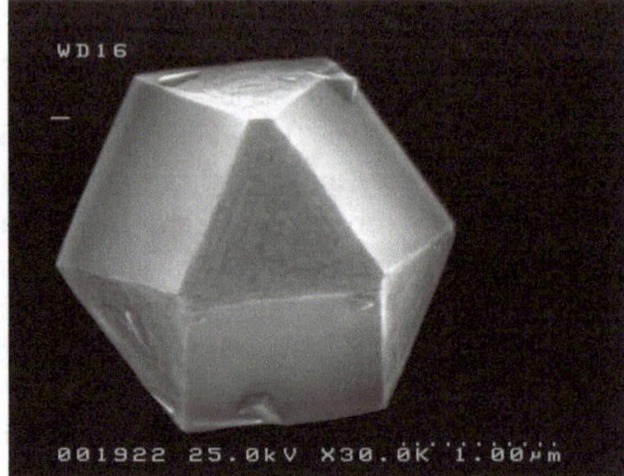

Microdiamante.

proprietà collettive della materia condensata su scala atomica e molecolare si sono rivelate utilissime nelle analisi e nella datazione delle opere d'arte, che in molti casi richiedono interventi *in situ* e prove non distruttive.

8. Infine, ma non certamente ultima, bisogna citare l'impatto che la moderna scienza dei materiali ha sulla ricerca di base. I moderni superconduttori, scoperti nel 1986, hanno fatto diventare la superconduttività una realtà tecnologica che offre affascinanti soluzioni sia nel campo dei dispositivi elettronici veloci che nel campo del risparmio energetico. O la scoperta di nuove forme allotropiche del carbonio, come il grafene che proprio quest'anno è stato oggetto del massimo riconoscimento della comunità scientifica vincendo il premio Nobel per la Fisica o i fullereni e i nano tubi. Questi ultimi, già ora prodotti su scala industriale per le loro singolari e interessanti proprietà, sono chimicamente inerti, hanno una resistenza meccanica fino a 100 volte più alta di un filo di acciaio e la loro densità è 6 volte inferiore. Inoltre possono essere isolanti o conduttori a seconda della chiralità che gli atomi di carbonio assumono nella loro aggregazione allotropica.

L'invenzione del transistor

Le ragioni di una rivoluzione scientifica sono sempre il risultato della confluenza di molti fattori diversi: motivazioni di carattere economico si intrecciano a sfide politiche, a opportunità storiche e a contingenze ambientali. Sempre però è necessario che il livello scientifico preesistente sia sufficientemente maturo per fare da trampolino di lancio all'ulteriore

Motivo artistico litografico con isole di nanotubi di carbonio.

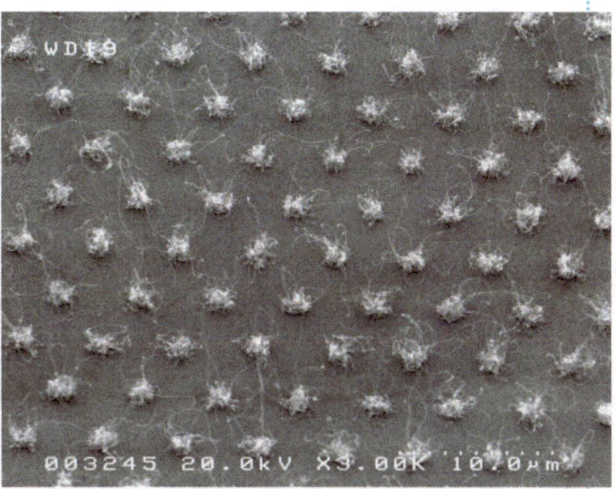

Struttura litografica con ciuffi di nanotobi di carbonio.

salto conoscitivo. Tutto questo è avvenuto per la scienza dei materiali intorno agli anni '50; nel giro di pochi anni essa è riuscita ad interessare tutti i comparti della produzione manifatturiera e ad essere l'artefice della "rivoluzione digitale".

All'inizio del XX secolo la scienza aveva registrato progressi conoscitivi importantissimi quali la teoria della relatività [1] e la meccanica quantistica [2], concetti tanto nuovi e culturalmente profondi che per trovarne di simili bisognava risalire alle scoperte di Galileo e Newton nel XVII secolo, senza dimenticare le invenzioni della radio e del telefono [3] che avvicinarono persone e culture, o le tantissime altre invenzioni e scoperte fatte in campo medico e farmaceutico [4] che permisero l'allungamento della vita media e la riduzione della sofferenza di intere generazioni. Eppure, fino alla fine della Seconda Guerra Mondiale, i materiali usati rimanevano pochi e quasi gli stessi di sempre: ferro, rame, legno, carta, cuoio, lana… Si sapeva dei materiali semiconduttori quali silicio e germanio, ma non se ne sfruttavano le proprietà. Con la liquefazione dell'elio (1911) era stata scoperta la superconduttività ma i superconduttori venivano studiati senza un reale interesse applicativo, quasi come una curiosità accademica. E fra i materiali sintetici si usava solo la bakelite o il neoprene. Prima della Seconda Guerra Mondiale esistevano quindi conoscenze scientifiche e potenzialità tecnologiche più che mature per realizzare una vera e propria rivoluzione industriale, ma mancava l'elemento catalizzante che permettesse la nascita e il proliferare di nuovi materiali. È stata l'invenzione del transistor a dare inizio a quella che oggi, a buon ragione, si può definire una nuova era, l'era dei materiali elettronici.

Il transistor è un dispositivo elettronico che deriva il suo nome dalla contrazione del termine inglese di *transfer-resistor*; esso venne brevettato negli Stati Uniti, il 23 Dicembre 1947, da tre ricercatori dei Bell Laboratories: John Bardeen, Walter Houser Brattain, William Bradford Shockley [5]. Approfondendo gli studi degli anni '30, i ricercatori americani realizzarono per la prima volta un dispositivo a stato solido (il primo materiale usato è stato il Ge, ma subito si passò al Si perché più diffuso sulla Terra e più economico) con caratteristiche elettriche simili a quelle di un triodo termoionico, ma che a differenza del triodo risultava meccanicamente molto resistente, richiedeva bassa potenza elettrica e aveva dimensioni molto ridotte. La sua diffusione fu rapidissima; i computer, il cui modello matematico di funzionamento era già molto avanzato, avevano bisogno proprio di un dispositivo con le caratteristiche appena citate. La logica booleana [6] infatti richiede numerosissimi circuiti in grado di scambiarsi impulsi elettrici di tipo *on-off*, ma l'utilizzo delle valvole termoioniche rendeva i calcolatori molto ingombranti, molto fragili e molto costosi. Passando al transistor gli enormi armadi richiesti per i primi calcolatori diventarono armadietti e la stabilità dei circuiti, aumentata notevolmente a causa dell'assenza di parti incandescenti, abolì la necessità di grandi manutenzioni. Fu così che i costi di gestione divennero una piccola percentuale del costo di investimento e si spalancò la via per il definitivo decollo dell'informatica. Senza l'invenzione del transistor i computer sarebbero rimasti privilegio di pochi utenti (qualche centro di ricerca o qualche grande industria), mentre la versatilità del nuovo dispositivo e il suo costo particolarmente economico avviarono un circolo "virtuoso" fatto di molti potenziali acquirenti, bisogni di continui miglioramenti e grandi risorse economiche per la ricerca. Il computer, al giorno d'oggi, è diventato un elettrodomestico indispensabile per le nuove generazioni ed è sempre più diffuso anche tra i meno giovani, con una sola esigenza costante: disporre di programmi sempre più aggiornati che fanno la fortuna delle industrie e della ricerca informatica.

Bisogna dire che, per lo sviluppo della microelettronica e più in generale per lo sviluppo della scienza dei materiali, è stata determinante non tanto la scoperta dell'effetto fisico sul quale si basa il transistor (la doppia giunzione p-n), quanto l'individuazione del "come" realizzare le giunzioni. Pochissimi anni dopo l'invenzione del primo transistor fu inventato il MOSFET, un transistor ad effetto di campo e non a giunzione bipolare come il primo, la cui produzione industriale avviene tramite un processo di diffusione o di impiantazione ionica. Aggiungendo piccole quantità di arsenico o di boro in un unico pezzo di semiconduttore si è in grado di variare il tipo di conducibilità elettrica del semiconduttore: con l'arsenico si realizza una conducibilità di tipo n (eccesso di cariche negative), mentre con il boro si consegue una conducibilità di tipo p (eccesso di cariche positive, lacune). Questo metodo di manipolazione atomica in cui l'introduzione di pochissimi atomi di specie diversa (meno di una parte per miliardo) riesce a modificare una caratteristica così importante del Si, fece balenare l'idea che fosse possibile progettare protocolli di crescita o di deposizione capaci di modificare altre proprietà fondamentali e non solo nei semiconduttori. Insomma, nell'ambiente scientifico di quei tempi si cominciò a pensare che fosse possibile creare nuovi materiali con caratteristiche indicate dalle esigenze dell'utilizzatore (*tailoring*), piuttosto che sfruttare i materiali per le loro caratteristiche intrinseche.

L'interdisciplinarietà

Iniziò da questo momento una profonda e proficua collaborazione fra chimici, fisici ed ingegneri che a partire da gli anni '60 non ha mai dato segni di rallentamento, ma si è invece rafforzata, nella consapevolezza che la sola competenza di una o dell'altra disciplina non fosse sufficiente a vincere le sfide che la ricerca sui nuovi materiali poneva. In tutti i paesi industrialmente avanzati si costituirono centri di ricerca specifici, si investirono cospicue somme per il finanziamento di ambiziosi programmi rivolti allo studio della microelettronica e dei nuovi semiconduttori, si moltiplicarono la pubblicazione e la diffusione di riviste scientifiche specializzate, tanto che ad oggi si possono contare decine di riviste dedicate alla scienza dei materiali. In quasi tutti i paesi industrialmente avanzati, si avviarono percorsi di formazione universitaria mirati a formare giovani tecnici e scienziati esperti in microelettronica e in scienza dei materiali.

In Italia, invece, la ricerca sui nuovi materiali rimase campo di esplorazione e ricerca soltanto di alcuni valenti scienziati. Fisici, ingegneri e chimici in modo autonomo, senza un disegno programmatico, senza investimenti e senza una formazione universitaria specifica, contribuirono al progresso della scienza dei materiali con risultati di livello eccezionale. Tra i fisici e gli ingegneri, i primi a lavorare su argomenti di struttura della materia e scienza dei materiali furono Franco Bassani, Gianfranco Chiarotti, Giorgio Careri, Adriano Gozzini, Roberto Fieschi, Fausto Fumi (anni '60) che intrapresero ricerche su: centri di colore, stati di superfici nei semiconduttori, superconduttività e interazione radiazione-materia. Essi ottennero eccellenti risultati scientifici e portarono a casa importanti riconoscimenti internazionali [7]. Questi stessi ricercatori diedero poi vita al GNSM (Gruppo Nazionale di Struttura della Materia), un gruppo di ricerca di struttura della materia finanziato dal CNR attorno a cui in Italia, per molti anni, ha fatto riferimento tutta la scienza dei materiali. Invece in campo chimico l'esempio più illustre è stato senza dubbio rappresentato dal Prof. Giulio Natta che nel 1963 venne insignito del Premio Nobel per la chimica con la motivazione di aver preparato il polipropilene isotattico. Tale realizzazione permise la commercializzazione, su vasta scala, di articoli in plastica e di fibre sintetiche. Altri valenti chimici hanno contribuito alla scienza dei materiali con i loro studi sulle proprietà termodinamiche nei materiali sottoposti ad alte temperature (Prof. Giovanni De Maria) e con i lavori di ricerca nel campo delle leghe metalliche (Prof. Riccardo Ferro) e più recentemente poi vogliamo segnalare il contributo del Prof. Dante Gatteschi per aver progettato e sintetizzato singole molecole magnetiche e per aver dato vita e contribuito alla gestione dell'INSTM (Consorzio Interuniversitario Nazionale per la Scienza e Tecnologie dei Materiali) che gestisce e coordina le ricerche in scienza dei materiali di oltre venti Atenei.

La scienza dei materiali in Italia

Oggi, in Italia, la situazione della scienza dei materiali è di molto cambiata. Il numero dei ricercatori in struttura della materia e in chimica dei materiali è un'importante realtà di tutte le università italiane. Consorzi e centri di spesa la cui ragione sociale possa, in qualche modo, essere ricondotta alla scienza dei materiali hanno proliferato e mostrano in modo sempre più evidente l'importanza di questa disciplina nel panorama scientifico nazionale. E, sebbene in modo molto criticabile si sia chiusa quella splendida realtà rappresentata dall'INFM [8], oggi un intero dipartimento del CNR è praticamente dedicato alla scienza dei materiali [9]. Inoltre non va dimenticato che esistono altre realtà, non finanziate direttamente dal Ministero dell'Università e della Ricerca, che fanno un'ottima ricerca sui materiali come l'ENEA (Agenzia nazionale per le nuove tecnologie, l'energia e lo sviluppo economico sostenibile) [10] o come l'IIT (Istituto Italiano di Tecnologia) [11] o altre realtà come il centro di ricerca Fiat di Orbassano [12] che rappresenta la punta dell'*iceberg* di una vasta ricerca privata in scienza dei materiali. Questi gruppi di ricerca sono tutti costituiti da ricercatori laureati in Fisica o in Chimica o sono ingegneri che si sono avvicinati alla scienza dei materiali per loro curiosità scientifica, integrando di volta in volta la propria formazione di base con letture specifiche che hanno permesso di acquisire caso per caso la necessaria interdisciplinarietà richiesta in questo settore. Il percorso formativo descritto va certamente bene nel caso in cui si voglia formare un "ricercatore", ma risulta impraticabile, oltre che molto costoso, se si vogliono tecnici specializzati. Risulta infatti irragionevole richiedere più lauree per avere le basi interdisciplinari necessarie a formare un manutentore o un semplice utilizzatore di nuovi materiali. È maturo il tempo di formare nuove generazioni di tecnici e scienziati attraverso corsi di laurea specifici con insegnamenti di base a forte carattere interdisciplinare, con una consistente frequentazione di laboratori didattici e con stage presso le imprese manufatturiere per permettere un'effettiva conoscenza dei metodi di lavoro industriale. I corsi di laurea in Scienza dei Materiali sono organizzati con queste specifiche caratteristiche e, come mostrano le interviste che seguono, già garantiscono significativi contributi in molti settori dell'innovazione e della ricerca più avanzata nel campo dei nuovi materiali e delle nanotecnologie.

Conclusioni

I nuovi materiali hanno migliorato la qualità della vita a moltissimi cittadini, ma hanno anche indotto consumi che da alcuni sono stati giudicati discutibili. Se questo sia stato un bene o un male non è argomento che vogliamo affrontare in questa sede, ma certamente non si può tornare indietro dai livelli di conoscenza raggiunti. Piuttosto, per migliorare la qualità della vita nostra e delle future generazioni, sarà utile avere una più approfondita conoscenza del livello scientifico raggiunto dalla società in modo da poter discernere, con sempre maggiore cognizione di causa, quello che la ricerca di volta in volta ci propone.
Non sarà pertanto inutile provvedere ad una formazione e un'informazione articolata su diversi livelli che vada da corsi di laurea specifici a cicli di conferenze indirizzate a giovani in età scolare e a settori di cittadinanza più vasti.
Il nostro sistema universitario, pur nelle considerevoli difficoltà in cui versa, ha attivato da qualche anno, in un numero limitato di sedi, percorsi formativi di scienza dei materiali, dove con uno spirito fortemente interdisciplinare si insegnano le basi della meccanica quantistica, della microchimica, della crescita e della caratterizzazione dei nuovi materiali. Il tutto coadiuvato da una vastissima attività di laboratorio che permette di apprendere, attraverso il fare, concetti che normalmente sono ostici alle nuove generazioni. È quindi auspicabile che anche nei licei, negli istituti tecnici e in tutte gli istituti superiori tali argomenti diventino materia di studio o almeno di approfonditi dibattiti.

Bibliografia

[1] La teoria della relatività è stata proposta da A. Einstein in due fondamentali lavori all'inizio del XX secolo.
Il primo di questi articoli è relativo alla relatività speciale e venne pubblicato nel 1905 dalla rivista tedesca "German Annalen der Physik", 32(10), 891-921.
Il secondo riguarda la relatività generale e venne pubblicato nel 1915 sulla rivista "German Die Kultur der Gegenwart", part 3, sec. 3, vol. 1, 703-713.

[2] 1900: M. Planck descrive l'emissione di radiazione da un corpo nero.
1905: A. Einstein spiega l'effetto fotoelettrico.
1913: N. Bohr interpreta le linee spettrali dell'atomo di idrogeno.
1922: A. Compton descrive l'interazione fra un fotone ed un elettrone.
1924: L. de Broglie elabora una teoria delle onde materiali.

1926: E. Schrödinger elabora la meccanica ondulatoria. 1927: W. Heisenberg formula il principio di indeterminazione. Nasce l'interpretazione di Copenaghen.

[3] Il telefono fu inventato da Antonio Meucci nel 1871, anche se il brevetto del 1876 con cui fu sfruttata l'idea è dell'americano Alexander Graham Bell. La radio fu inventata nel 1895 da Guglielmo Marconi.

[4] L'aspirina fu inventata da C.F. Gerhartd nel 1853, ma fu commercializzata dalla Bayer nel 1874. Alexander Fleming fu l'inventore della penicillina nel 1928.

[5] Il premio Nobel in fisica del 1956 fu attribuito congiuntamente a W. Shockley, J. Bardeen e W. Brattain "for their researches on semiconductors and their discovery of the transistor effect".
F. Seitz, N.G. Einspuch, *La storia del Silicio*, 1998, Bollati Boringhieri S.r.l., Torino.

[6] George Boole, matematico inglese (1815-1864), descrive un modello di algebra basato solo sui numeri *1* e *0* (senza nessun valore intermedio) e le operazioni *NOT, AND, OR.*

[7] G. Chiarotti, *Nascita e sviluppo della Fisica dello Stato Solido in Italia: il gruppo nazionale di struttura della materia (GNSM)*, in via di pubblicazione dalla SIF e dall'Accademia dei Lincei. Comunicazione privata (2010).

[8] L'INFM (Istituto Nazionale per la Fisica della Materia) è stato un ente autonomo dal 1994 al 2003 quando viene accorpato al CNR. La sua istituzione è stata il coronamento delle attività di coordinamento del GNSM.

[9] In realtà il dipartimento si chiama "Materiali e dispositivi" e raccoglie oltre agli istituti del CNR anche i centri di eccellenza che furono dell'INFM.

[10] ENEA. In base all'art. 37 della legge n. 99 del 23 luglio 2009 e dal 15 settembre 2009 l'Agenzia dipende dal Ministero dello Sviluppo economico, in concerto con il Ministero dell'Economia e delle Finanze, il Ministero per la Pubblica Amministrazione e l'Innovazione, il Ministero dell'Istruzione, dell'Università e della Ricerca e il Ministero dell'Ambiente e della Tutela del Territorio e del Mare.

[11] IIT. L'Istituto Italiano di Tecnologia è una fondazione di diritto privato istituita dal Ministero dell'Economia e delle Finanze congiuntamente al Ministero dell'Istruzione, dell'Università e della Ricerca.

[12] Fiat Orbassano. Il Centro ricerche Fiat (CRF) è stato fondato nel 1976 come polo di riferimento per l'innovazione e la ricerca e sviluppo del gruppo Fiat.

Scarica a bagliore in una camera per *sputtering*.

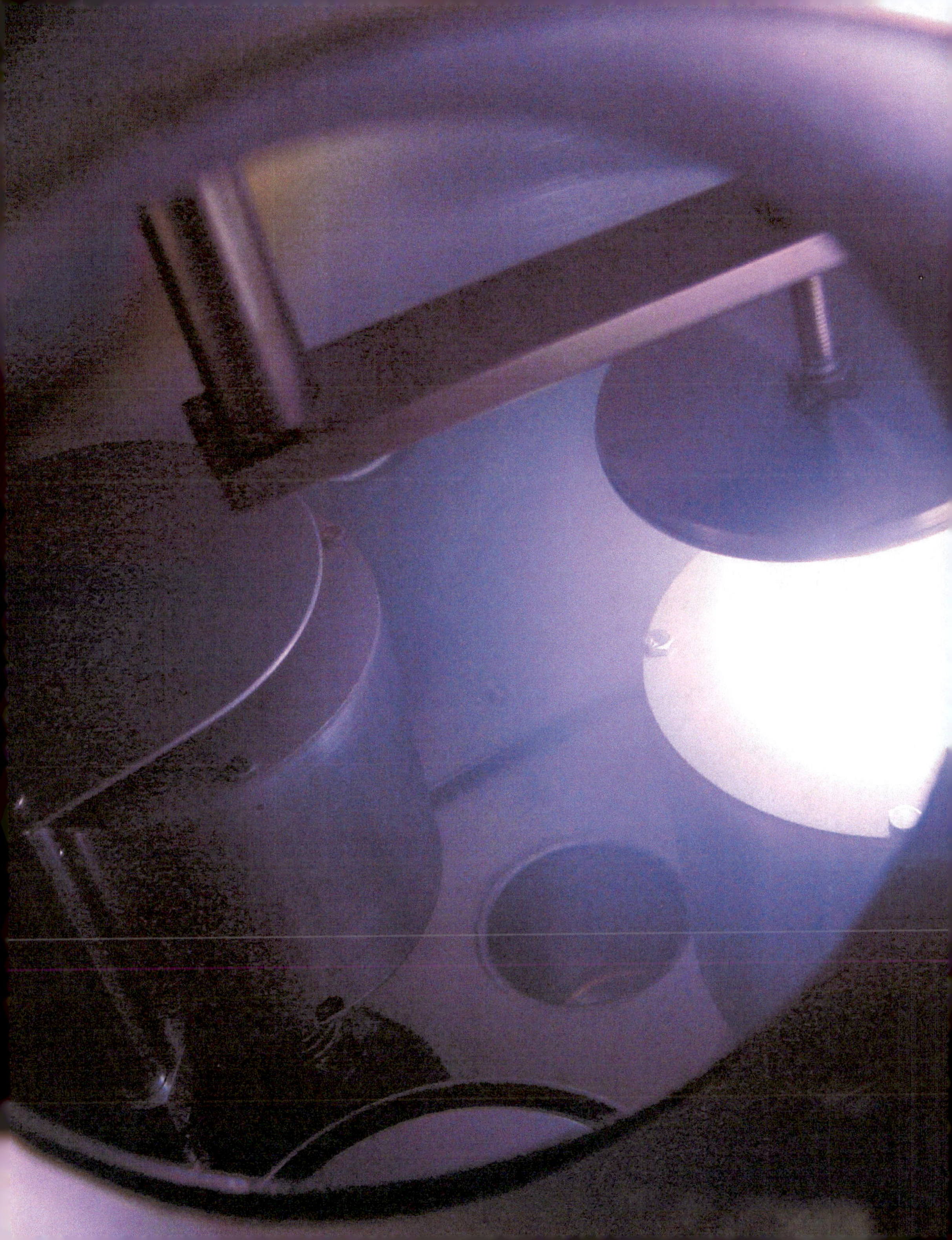

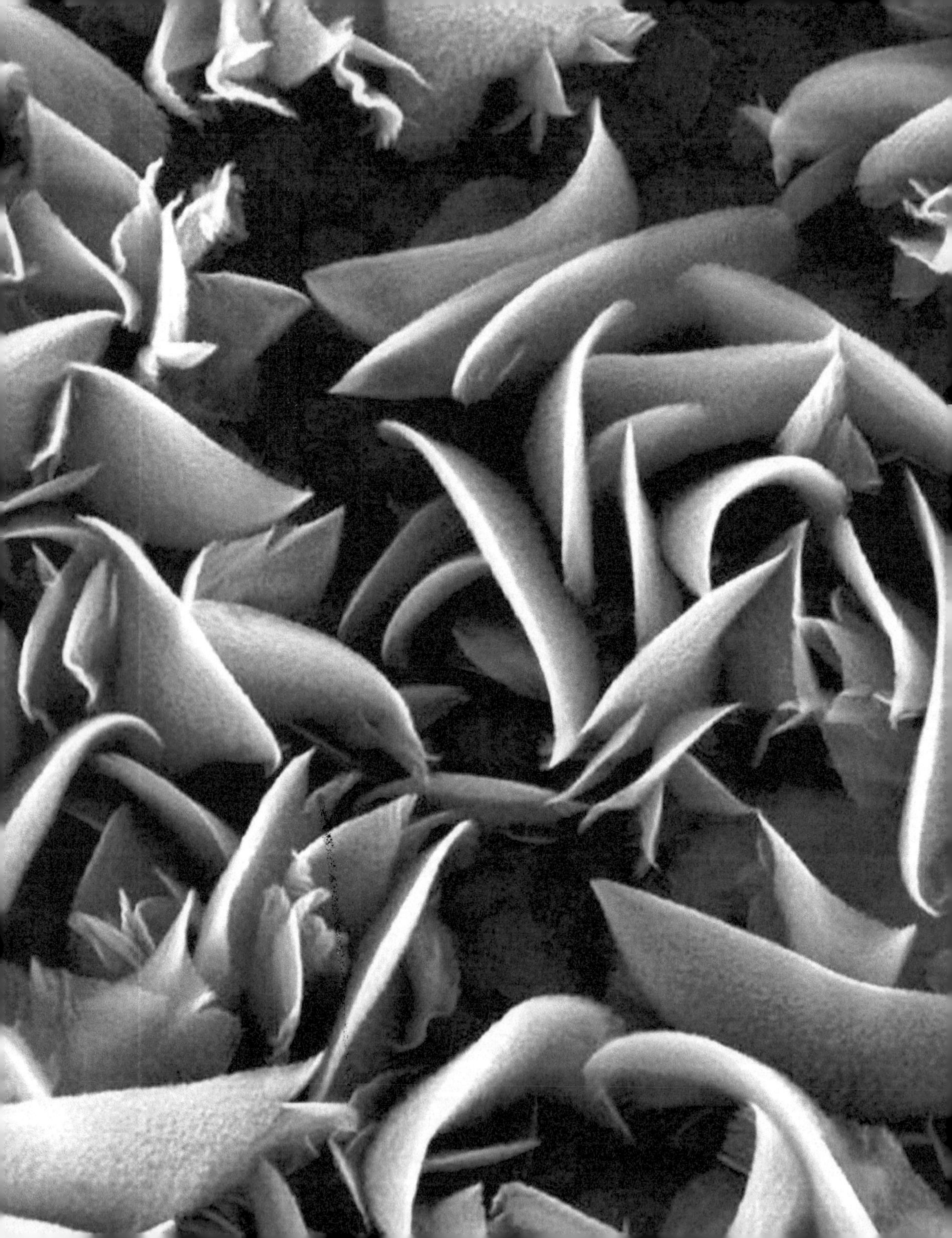

Snodo da U.H.V. (CERN, Ginevra).

Quaranta storie narrate con...

di Liù M. Catena

Università degli Studi di Roma Tor Vergata
Centro di Ricerca e Formazione permanente per l'insegnamento delle discipline scientifiche

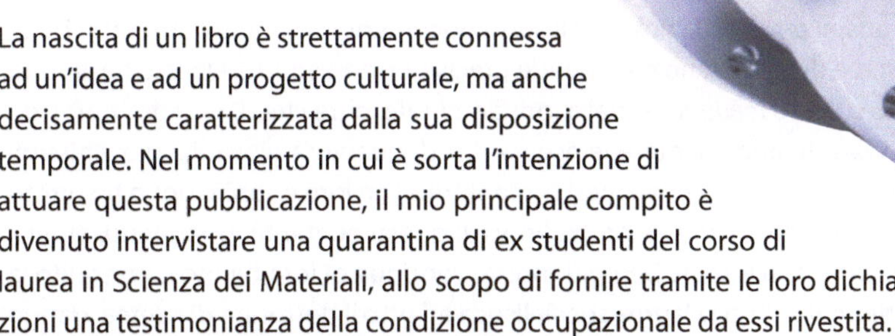

La nascita di un libro è strettamente connessa ad un'idea e ad un progetto culturale, ma anche decisamente caratterizzata dalla sua disposizione temporale. Nel momento in cui è sorta l'intenzione di attuare questa pubblicazione, il mio principale compito è divenuto intervistare una quarantina di ex studenti del corso di laurea in Scienza dei Materiali, allo scopo di fornire tramite le loro dichiarazioni una testimonianza della condizione occupazionale da essi rivestita.
Il mio lavoro è dunque partito da una sfilza di elenchi con nome, cognome e recapito telefonico. Nomi e numeri di telefono ordinati in una lista: persone sconosciute da contattare e persuadere a dedicarmi una frazione del loro tempo, per rispondere a domande collegate ad un passato recente: fine liceo, università, stage aziendali e attuale collocazione professionale. Avrei scoperto la loro nel corso delle future conversazioni proprio mentre io ne stavo cercando una nuova: in quel preciso periodo la mia occupazione stava vivendo un profondo cambiamento. Le attività che da anni colmavano le mie giornate lavorative erano svanite e tutte le mie risorse psico-fisiche erano concentrate nel creare qualcosa di diverso. Cito questa mia situazione personale poiché sono convinta che il mio stato emotivo abbia contri-

Nanopetali di ossido di titanio.
Micrografia di Simone Battiston, CNR - IENI (Istituto per l'Energetica e le Interfasi, Padova).
Vincitrice del concorso internazionale "Nano Art 2009-2010, International online exhibition".

buito alla costruzione di un adeguato rapporto empatico con le persone che ho in seguito intervistato. Sono entrata nella loro vita e ciascuno di essi, con mia somma gratitudine, ha aperto una finestra: per alcuni si è trattato di un piccolo abbaino, giusto il tempo di aprire l'anta e richiuderla velocemente, per altri una porta-finestra a parete intera. Ho parlato con taluni quindici minuti, con altri cinquanta: spesso lo scambio di idee ha superato l'ambito formativo ed il colloquio ha toccato esperienze e preoccupazioni private. Conosco i loro hobby, gli sport praticati, le letture predilette e le preferenze cinematografiche.

Le storie presenti in questo libro non sono pertanto frutto di una selezione mirata, ma in un certo senso il fato ha deciso per noi. Il campione è assolutamente genuino e casuale. Ricevevo per e-mail dal collega e cocuratore Ivan Davoli la serie dei nominativi a lui trasmessa dal referente accademico del corso di laurea in Scienza dei Materiali, attivo all'epoca solamente in undici università italiane. A quel punto iniziava il primo contatto non solo per posta elettronica, ma anche per telefono. Coloro i quali hanno risposto al mio invito sono stati successivamente intervistati e dal loro racconto ho tratto gli spunti per elaborare delle piccole biografie: pillole di vita, brevi resoconti esistenziali che hanno sicuramente sollecitato la mia curiosità ed auspico anche la vostra. Mi sono documentata sugli argomenti scientifici che essi narravano e descrivevano con grande precisione e trasporto. Questo ha aiutato molto il mio incarico e il loro *feedback* è stato fondamentale, oltre che di grande conforto.

Si era stabilito con Ivan di rappresentare le esperienze di quaranta giovani e giovanissimi scienziati dei materiali. Nel corso di nove mesi ho conferito con loro e subito dopo ho scritto gli articoli centrati sulla preparazione e professione di questi quaranta ex studenti, emersi in modo fortuito da una nota iniziale ben più estesa. Ventidue di loro hanno conseguito la cosiddetta laurea triennale, dieci la laurea specialistica ed otto il dottorato di ricerca. Hanno studiato sui banchi e nei laboratori di vari atenei italiani: Bari, Cagliari, Calabria, Genova, Milano Bicocca, Padova, Piemonte Orientale, Roma Tor Vergata, Torino e Venezia.

Molti di essi hanno trovato un posto grazie allo stage vissuto in un'azienda o in un ente di ricerca, merito pertanto delle collaborazioni presenti tra università e gruppi imprenditoriali sparsi in differenti aree geografiche nazionali. Ciò a conferma che, quando esiste il dialogo tra il mondo delle imprese e delle università, si riesce a costruire qualcosa di importante non solo dal punto di vista educativo e formativo, ma anche lavorativo, economico e sociale.

Nel maggior numero dei casi ho discorso con professionisti motivati e soddisfatti delle attività svolte. Ne è uscito un quadro interessante riguardo il profilo, le tendenze e la possibilità di accesso al mondo del lavoro da parte dei laureati in Scienza dei Materiali: non va sottovalutata la loro scioltezza di inserimento nel tessuto produttivo del paese. Svolgono

professioni variegate e stimolanti, in determinati casi veramente attraenti, tanto quanto il mondo dei materiali, delle sue tecnologie e metodologie di studio e di ricerca.
Personalmente non sono né una scienziata né un'esperta del settore, ma posso con sincerità affermare di essere rimasta letteralmente catturata ed incantata da questa scienza, la quale sta modificando sempre più rapidamente la realtà delle cose attorno a noi.
Mi auguro che questa mia dimensione di "non-scienziato" abbia favorito l'obiettivo del progetto, ovvero far conoscere la scienza dei materiali in maniera semplice, chiara, senza tecnicismi e attraverso le voci di giovani donne e giovani uomini. Spero fortemente di essere riuscita a convertire queste voci in modo appropriato e con parole che possano efficacemente trasferire al lettore i sentimenti di passione, energia e coinvolgimento affiorati durante le distinte conversazioni.
Prima di chiudere questo mio contributo una serie di ringraziamenti è d'obbligo. Utilizzerò un criterio legato alla scansione temporale degli avvenimenti. Sono grata al Progetto Lauree Scientifiche che mi ha dato l'opportunità di realizzare questo programma, ideato in una delicata fase della mia vita; all'amico Ivan Davoli, con cui ho condiviso questa piacevole avventura; ai quaranta giovani scienziati dei materiali, i quali mi hanno consentito questo ruolo di narratrice; all'editor della Springer, Marina Ferlizzi, per aver creduto nella nostra iniziativa, e alla piccola Sofia per averci concesso lunghe e gradevoli chiacchierate; agli editor della medesima casa editrice, Barbara Amorese e Pierpaolo Riva; al curatore dell'impianto grafico, Orfeo Pagnani, per il suo ineguagliabile estro; a Maura Sassara per la garbata disponibilità; a Luca Giovannelli per la sua gentilezza; in conclusione al mio amatissimo figlio Ludovico per i suoi costanti e preziosi suggerimenti.

Dedico questa mia esperienza
alle persone dotate di autonomia,
spirito critico e tensione intellettuale;
alle persone che desiderano lavorare
in modo leale e senza facili scorciatoie;
alle persone che si imbattono
in individui rudi ed arroganti.

BERNARDI Marco
PANCIERA Nicola
RIZZO Francesco
DALLEGRI Marcello
GALIMBERTI Nadia
PATRON Niccolò
ROSELLI Alessandro
VIGLIETTA Annalisa
RENATI Paolo
AMENDOLA Vincenzo
GABBIA Antonio
CAZZIOL Paolo
TOSCHI Francesco
POVIA Mauro
PANE Alfredo
BIGGI Alessandra
RUSCITTI Stefano
LIOTTI Manuela
STRAMAGLIA Pasquale
RESTELLO Silvio
VASSALLO Emanuela
ZOTTAREL Lorenzo
MORI Fabrizio
PICASSO Sergio
CONTEROSITO Eleonora
STENDARDO Silvestro
RIZZO Antonello
MARONGIU Federico
ZANCHETTA Valerio
DI SALVO Antonello
LANZA Giulia
TUCCI Giuseppe
DAINESE Umberto
LENTINI Fausto
RUSSOLILLO Matteo
BALLAURI Laura
GIALLONGO Giuseppe
GARDINI Cristina
ABATE Salvatore
BATTISTON Simone

Biografie

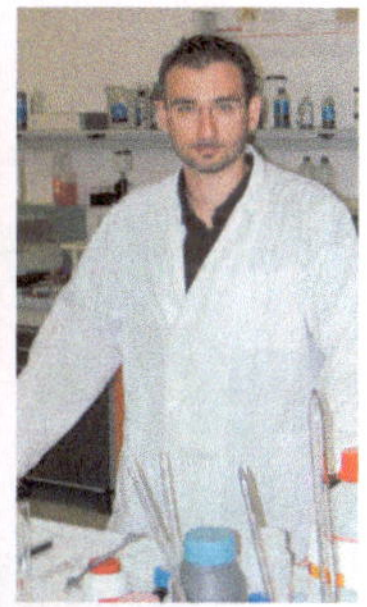

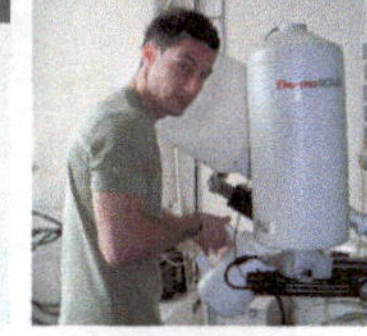

Interviste e testi di Liù M. Catena

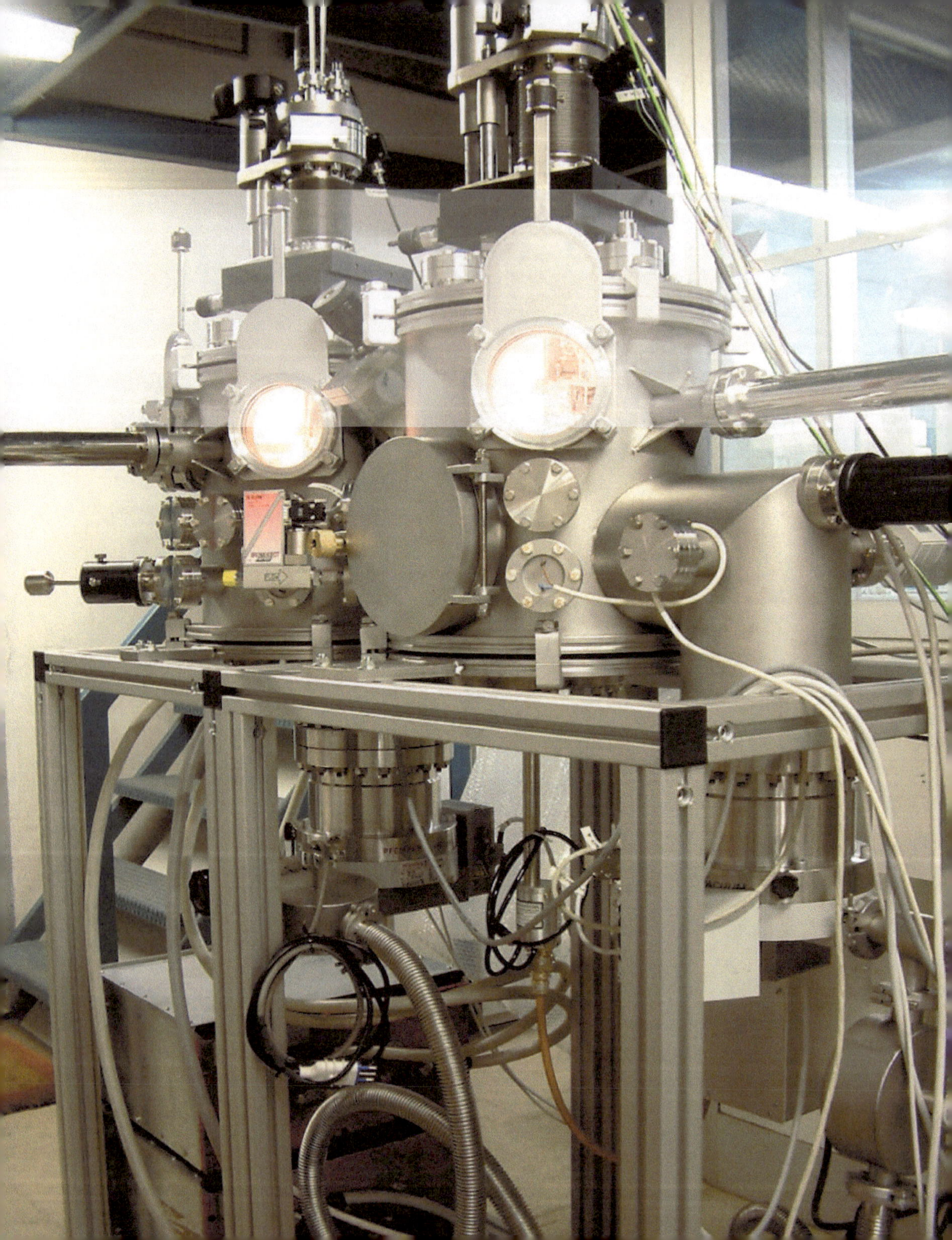

Marco Bernardi

Università
Tor Vergata, Roma

Titolo di studio
Dottorato di ricerca

Istituto scolastico
Liceo scientifico

Azienda/Ente
MIT - Massachusetts Institute of Technology (Boston, USA)
Ricerca

Data intervista
12 novembre 2009

Particolare di un sistema per deposizione di film sottili.

Il miglior studente 2009 del primo anno del dottorato di ricerca in Scienza dei Materiali presso il prestigioso MIT, Massachusetts Institute of Technology, di Boston (USA): Marco ha vinto il premio "First Year Graduate Student Exceptional Performance Award", una bella soddisfazione per lui e per il nostro paese che troppo spesso viene collocato nelle ultime posizioni delle classifiche OCSE.

Perché un dottorato di ricerca negli Stati Uniti? "... e perché non in Australia, Gran Bretagna o un altro paese al di fuori dei confini nazionali?", risponde Marco che inizia a vivere delle esperienze di studio esterne all'Italia già con il lavoro di tesi per conseguire la laurea specialistica in Scienza e Tecnologia dei Materiali, presso l'Università degli Studi di Roma Tor Vergata, a gennaio 2008.

Spende otto mesi in Australia grazie ad una borsa di studio del governo di tale paese che gli consente di mettere a punto la ricerca oggetto della tesi. Prima di partire invia una serie di domande di ammissione per il dottorato di ricerca in varie università straniere; al suo rientro in Italia apprende di essere stato accettato alla University of Cambridge in Inghilterra, alla University of New South Wales a Sydney in Australia e al MIT di Boston. Sceglie l'istituto americano anche per la sua collocazione geografica in un'area unica al mondo per la presenza di istituti di ricerca, una terra che trasuda cultura e tecnologia ovunque. Intorno a Boston infatti sorgono 79 università tra cui la famosissima Harvard University. Inoltre l'America è sicuramente il punto centrale per la ricerca applicata ed il luogo dove in generale accadono le grandi cose: numerosi gruppi di ricerca molto famosi, importanti appuntamenti per confrontarsi, "mega" conferenze internazionali.

Il dottorato in America dura cinque anni. Vi si accede attraverso una selezione basata sui titoli: curriculum, elenco delle pubblicazioni, descrizione del progetto che si intende realizzare, tre lettere di raccomandazione firmate da studiosi autorevoli e competenti. Nel 2008, l'anno in cui Marco è entrato al MIT è stato preso solo l'8% delle richieste di ammissione; la sua classe è costituita da una cinquantina di studenti provenienti da tutto il mondo.

L'ammissione garantisce un supporto economico, una sorta di salario erogato per lo svolgimento delle attività di *Teaching Assistantship (TA) e Research Assistantship (RA)* le quali implicano un lavoro di assistenza didattica durante i corsi e la possibilità di fare ricerca nel gruppo guidato da un Advisor, ovvero il professore con cui si svolgerà il proprio progetto di ricerca.

Marco ci informa che lo stipendio da lui percepito è leggermente maggiore di quanto preso da un collega italiano, ma il vero vantaggio è quello di beneficiare dell'esonero dal pagamento della tassa di iscrizione che al MIT è di circa 50.000 dollari, che viene coperta dal gruppo di ricerca in cui ci si inserisce. Il gruppo versa la *tuition* per lo studente, investe su di lui pagandogli la tassa di iscrizione universitaria, l'assicurazione sanitaria ed altri oneri che se dovessero essere sostenuti in forma privata raggiungerebbero la cifra di oltre 55.000 dollari l'anno: "… Qui nessuno viene a fare il dottorato con i propri soldi ma solo se è selezionato".

Nel marzo del 2008 viene invitato a visitare l'istituto per orientarsi nella scelta del gruppo di ricerca dove comincia a lavorare qualche mese dopo, a settembre, quando il programma vero e proprio del dottorato prende avvio. Marco svolge da subito la propria attività di ricerca sotto la guida di un Advisor di nazionalità italiana, che opera nel campo delle nanotecnologie.

Dopo un anno passa in un altro gruppo, il cui leader è un docente americano, dove rimarrà per i prossimi quattro anni fino alla conclusione del dottorato.

"… Il primo semestre è stato molto duro perché pieno di corsi da seguire, poi ci si deve ambientare, si devono superare i singoli esami, e il lavoro di ricerca ne risente. A maggio si sostiene l'esame finale di chiusura del primo anno, molto impegnativo, dopo in estate si ci può dedicare *full time* alla ricerca".

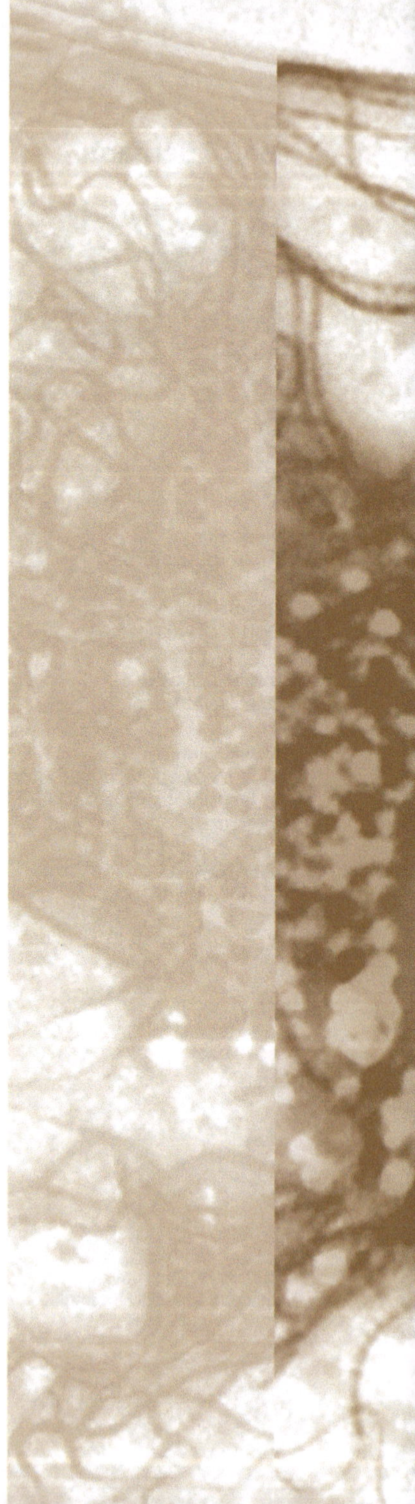

Colorazione di celle solari a base di silicio realizzate presso la X-Group S.p.a.

Nel corso del primo anno di dottorato ha compiuto una ricerca di tipo sperimentale; adesso si dedica alla ricerca computazionale, in cui si risolvono le "equazioni di base" della meccanica classica e quantistica al computer. In entrambi i casi ha focalizzato la propria attività nelle nanotecnologie applicate alla scienza dei materiali.

Inizialmente si è occupato di sintesi e caratterizzazione di nanoparticelle e nanofili d'oro per preparare liquidi ionici nanostrutturati.

Adesso è immerso in una ricerca su nuovi materiali per sfruttare l'energia solare. "... A livello di simulazioni, cerchiamo di vedere come alcuni materiali organici si interfacciano con semiconduttori inorganici più comunemente usati nella tecnologia fotovoltaica, cercando di capire i fenomeni chiave e di trovare nuovi materiali per facilitare la fabbricazione di celle solari di nuova generazione. Abbiamo anche idee innovative su architetture tridimensionali per impianti fotovoltaici".

In generale il gruppo di ricerca dove è inserito si occupa molto di nanomateriali per l'energia: fotovoltaico, fluidi che assorbono la luce e rilasciano energia, nanomeccanica; è propenso alla simulazione dell'analisi chimica e dei nanomateriali per l'energia.

La produzione di energia elettrica per effetto fotovoltaico è completamente scevra da ogni tipo di emissione (inquinante o meno), non consuma alcun tipo di combustibile ed è pertanto una ricerca che ha evidenti risvolti tecnologici e applicativi: "... qui al MIT, come in gran parte delle università americane, ad eccezione di alcuni casi come a Princeton dove si svolge un'attività di ricerca più teorica, l'indagine è di tipo applicativo. Questo perché l'80% dei finanziamenti in America arriva dal Dipartimento dell'Energia, dal Dipartimento della Difesa o da grandi industrie, in quest'ultimo caso i progetti sono maggiormente mirati a specifiche applicazioni".

Marco continua affermando che sovente in America si fa ricerca fondamentale con il residuo dei fondi destinati ad altre produzioni magari di carattere applicativo: una volta raggiunto il risultato il resto del finanziamento viene utilizzato per promuovere la ricerca di base, che resta, e ci permettiamo di sottolineare, il motore della scienza e dell'innovazione. Ribadiamo che l'eccellenza nasce da un contesto di qualità elevata, sia sul piano delle risorse umane sia su quello degli strumenti conoscitivi.

"... Viviamo in un momento in cui il nostro pianeta non funziona al meglio, ci sono tanti problemi ed è giusto che si faccia una ricerca che abbia risvolti pratici. Il primo problema tra tutti è quello dell'energia: qualche settimana fa il Presidente Obama è venuto in visita al MIT e ha chiesto che l'Istituto concentri tutte le proprie risorse sul problema dell'energia".

Si va dallo sfruttamento delle energie alternative al miglioramento dei processi già esistenti per diminuire l'impatto ambientale, come nel caso del cemento, materiale prodotto dall'uomo e maggiormente utilizzato, responsabile dell'immissione nell'atmosfera del 20% della CO_2 che è prodotta ogni anno. Per migliorare questo effetto ci sono stati ingenti finanziamenti sul progetto *Liquid Stone*, in cui un team di ricercatori del MIT, impegnati nell'analisi della nanostruttura del mastice, svilupperà processi per attenuare le emissioni di CO_2 generate nelle fasi di produzione del cemento.

"... C'è grande interesse da parte della società civile sui temi dell'ambiente: bisogna dare delle risposte certe perché ai non addetti ai lavori quello che arriva di tutta la scienza che si fa sono le cose tangibili. In questo l'America ha successo nella sua storica esigenza di legare la ricerca ad un'applicazione immediata, la scienza alla tecnologia".

Marco in America si trova bene, Boston e dintorni sono dei luoghi zeppi di studenti; quest'area è considerata la capitale della cultura, è quindi un posto fuori dalle logiche super americane degli stati più interni, si respira un'aria europea. Ha già deciso di rimanere negli USA dopo la conclusione del dottorato al-

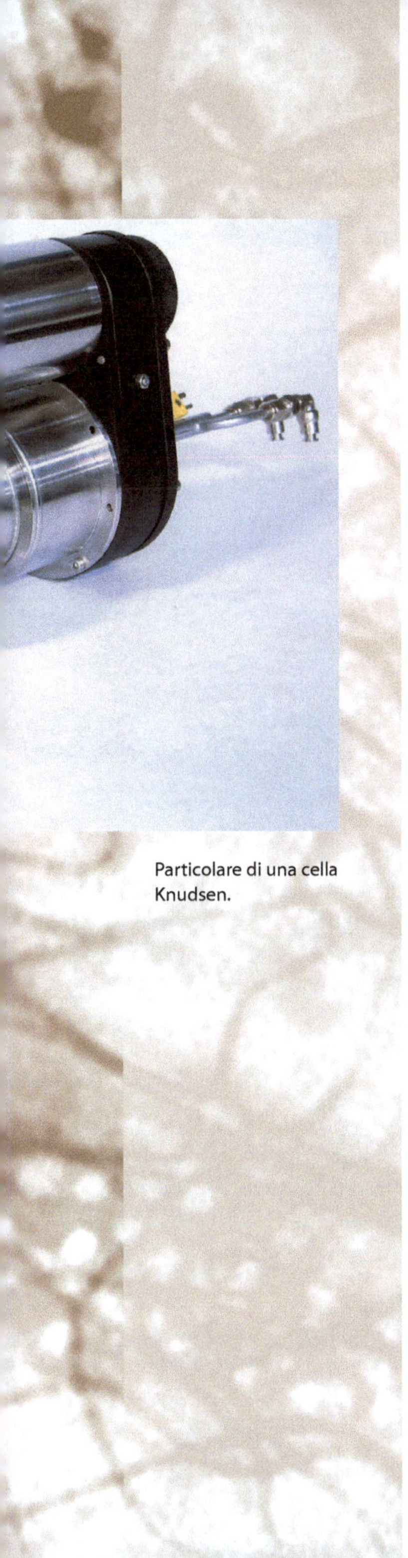

Particolare di una cella Knudsen.

meno per altri dieci anni. È lì che vuole costruire la sua carriera scientifica perché ritiene che in Italia la ricerca sia sottofinanziata e mal gestita, la meritocrazia scarsamente applicata, le procedure di reclutamento poco trasparenti e in definitiva che nel nostro paese ci sia una modesta capacità di trattenere ed attrarre intelligenze. La ricerca si alimenta sullo scambio, gente che va e che viene, c'è bisogno di organizzare eventi dove le persone si possano incontrare, dove le idee circolino. "… Se non hai fondi per far venire uno studente brillante dal Giappone a trascorrere sei mesi nel tuo laboratorio il discorso si conclude. In America è più facile che ti dicano 'vieni', che inizi una collaborazione tra i laboratori e gli studenti si spostino e si scrivano articoli insieme".

Marco è assolutamente soddisfatto della formazione che ha ricevuto in Italia e con fierezza afferma di non aver nulla da invidiare ai suoi colleghi americani che hanno "sborsato" 50.000 dollari all'anno. L'Italia ha una grande tradizione scientifica e il percorso universitario è duro ed impegnativo: "… ci si fanno le ossa perché l'università è rigorosa e non facile e ci sono tanti esami orali da sostenere; in America durante gli anni di laurea non si sostengono esami orali".

Il fatto che giovani neolaureati come Marco vadano in università o centri di ricerca esteri non è di per sé negativo: la ricerca ha bisogno di scambio, la mobilità degli studiosi è un elemento di arricchimento professionale e culturale. Il problema emerge quando la differenza tra le persone di talento che lasciano il proprio paese e quelle che vi ritornano o vi si trasferiscono è negativo.

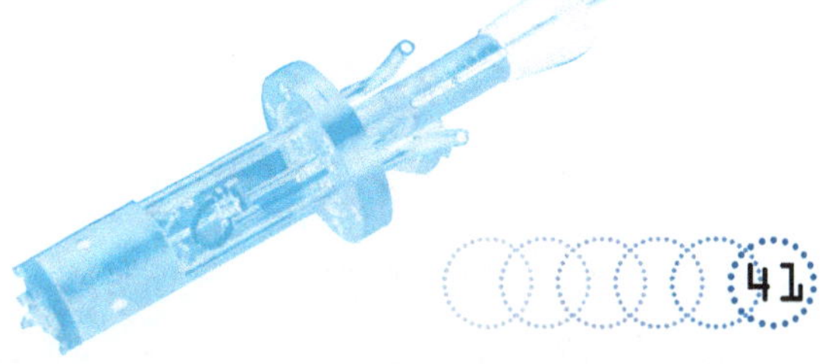

Nicola Panciera

Università
Venezia

Titolo di studio
Laurea

Istituto scolastico
Istituto tecnico industriale

Azienda/Ente
Tecnomare S.p.A.
(Venezia-Marghera)
Servizi di progettazione e ingegneria per il settore petrolifero

Data intervista
22 ottobre 2009

Particolare di un sistema U.H.V.

Il racconto della vicenda professionale di Nicola è la testimonianza di come intelligenza, curiosità e determinazione in un rapporto alchemico con preparazione, professionalità, passione e dedizione al lavoro possano dare grandi soddisfazioni. Ancor prima di completare il corso di laurea in Scienza dei Materiali presso l'Università di Venezia, ha già la certezza di trovare un'occupazione: nell'ottobre del 2000 si laurea e un paio di mesi dopo, a dicembre, si trasferisce a San Donato Milanese e viene assunto all'Agip, Divisione ENI, con un contratto a tempo indeterminato da subito. Entra in Agip, la società di bandiera italiana attiva nella ricerca e nella produzione di idrocarburi, poco prima che venga inglobata dall'ENI e da allora ha vissuto tante diverse esperienze estremamente interessanti.

Dal 2001 al 2003 è inserito nel settore "Drilling & Completion Engineering" presso impianti di perforazione *offshore* e *onshore* in Italia e all'estero: qui ricopre il ruolo di *drilling engineer*, ossia l'ingegnere che si occupa della programmazione e progettazione dei pozzi petroliferi. Questo percorso ha come naturale inizio un consistente periodo di attività di cantiere dal momento che l'esperienza gioca un ruolo fondamentale: per circa tre anni Nicola segue le perforazioni a mare (*offshore*) e le perforazioni a terra (*onshore*).

In Italia per un anno partecipa alle complesse azioni di perforazione prima nell'Adriatico, poi nella Pianura Padana, in Basilicata e in Sicilia sviluppando una vasta gamma di esperienze sia in mare sia in terra.

Ogni impianto ha le proprie caratteristiche e problematiche da affrontare ed ovviamente risolvere: racconta ad esempio che in Sicilia le attrezzature di perforazione sono molto diverse da quelle presenti nell'Adriatico dove la profondità dell'acqua è sensibilmente inferiore rispetto a quella del canale siciliano, che è abbastanza profondo. Stessa cosa per le perforazioni a terra: dalla Val d'Agri alla Pianura Padana le attrezzature e le profondità sono notevolmente diverse e variegate.

In ogni impianto opera una squadra costituita mediamente dalle settanta alle ottanta persone a cui bisogna organizzare e coordinare il lavoro. Per essere in grado di fare ciò Nicola segue un *technical training* affiancando un supervisore di cantiere senior; il passo successivo è quello di fare il *junior drilling & completion supervisor* delle operazioni di perforazione.
Un impianto è una piccola città i cui individui provengono da ogni parte del mondo: etnie varie, lingua e culture differenti; l'esperienza è antropologicamente molto stimolante; il relazionarsi con una così ampia varietà di soggetti diviene una motivazione continua per un sano e produttivo confronto intellettuale e culturale. In Sicilia lavora in un impianto americano dove il supervisore ed i suoi collaboratori provengono dagli USA ed il personale operaio è egiziano e tunisino.
È un'occupazione energetica ma molto impegnativa sul versante degli affetti personali: si trascorrono molti mesi lontani da casa ed è indubbiamente un sacrificio specialmente per una giovane coppia.
Dopo le esperienze di cantiere, viene richiamato in sede, a Milano, per iniziare a svolgere un vero e proprio lavoro di progettazione avendo ampiamente interiorizzato quella che è l'attività sul campo. Segue un corso specialistico di discipline d'ingegneria di perforazione della durata di sei mesi: concluso questo ciclo di studio parte con l'elaborazione originale di programmazione e progettazione di pozzi.
Nel 2005 intraprende un percorso più specialistico, già avviato nei laboratori ENI di Milano, che meglio si riconduce a quanto appreso negli anni dell'università e comincia ad occuparsi di fluidi di perforazione presso il distretto ENI di Ravenna nella divisione "E & P, Fluids". Si dedica principalmente e specificatamente ai fluidi, ai fanghi di perforazione, ai fluidi di completamento e ai cementi, occupazione che gli consente di sfruttare al meglio tutte quelle conoscenze ricevute dal corso di laurea in Scienza dei Materiali che hanno costituito un eccel-

lente bagaglio di partenza e che Nicola ha considerato da sempre il proprio punto di forza. I materiali hanno a che fare un po' con tutto, ed essere un esperto di materiali non ha avuto una valenza secondaria soprattutto se aggiunta alla capacità di sviluppare una solida metodologia di lavoro e di studio di sistemi complessi in relazione alla tecnica del *problem solving*, metodica organizzativa, appresa sui testi universitari e molto richiesta in ambito lavorativo. Questa metodologia didattica ed organizzativa viene adeguatamente affrontata dal corso di laurea in Scienza dei Materiali con l'obiettivo di estendere la riflessione riguardo le capacità che ciascuno studente deve attivare e sviluppare per conoscere, affrontare e risolvere un problema. Dopo i tre anni spesi a Ravenna, per motivi squisitamente privati, si trasferisce a Venezia nella Tecnomare, sempre del gruppo ENI, dove svolge ad oggi un'attività di analisi molto legata al progetto nelle sue fasi iniziali di sviluppo.

Si occupa sempre di esplorazione di idrocarburi, con un approccio fortemente ingegneristico, in modo particolare per ciò che riguarda lo sviluppo di campi sottomarini: un lavoro molto legato alla capacità di identificare e sviluppare concetti tecnici, scegliere tecnologie, valutarne l'impiego, formulare possibilità di sviluppo calcolando i costi e i rischi.

Essere uno scienziato dei materiali, che principalmente svolge la funzione di ingegnere, consente a Nicola di vedere quello che sta dietro le cose: "... si parte dalla molecola e si arriva a determinare perché quel pezzo di materiale abbia certe caratteristiche..."

Vedere quello che sta dietro ai materiali: è un percorso che si rafforza con lo stage, previsto dal corso di laurea, che Nicola vive per sei mesi presso il colorificio San Marco (Marcon, Venezia) dove elabora la sua tesi di laurea. Qui conosce il mondo delle vernici, delle pitture in un'azienda che interviene anche su restauri di tipo storico-architettonico ma ha il suo settore di punta nelle opere civili.

La tesi era volta all'esemplificazione di caratteristiche di prodotti specifici per la protezione di superfici murali da graffiti, incluso lo studio di prodotti formulati per la rimozione degli imbrattamenti di smalto e vernice da piani lapidee naturali e artificiali, conglomerati cementizi e laterizi.

Il miglioramento continuo, la passione per le sfide, la ricerca dell'eccellenza persuadono Nicola a riprendere il cammino universitario iscrivendosi nel 2008, dopo otto anni dalla laurea di primo livello, alla specialistica.

Perché? Qual è la molla? "Da un lato la voglia personale di concludere un ciclo di studi, dall'altro ho voluto mutuare un comportamento molto diffuso negli stati americani dove le grandi aziende spediscono i loro dipendenti, in genere prima del quarantesimo anno di età, a studiare nuovamente. Lo considero un valido approccio per far sì che un individuo resti aggiornato, si rimetta in gioco, apprenda cose nuove, riapra la mente là dove il proprio lavoro l'abbia in parte chiusa. È un di più per me e per la mia azienda".

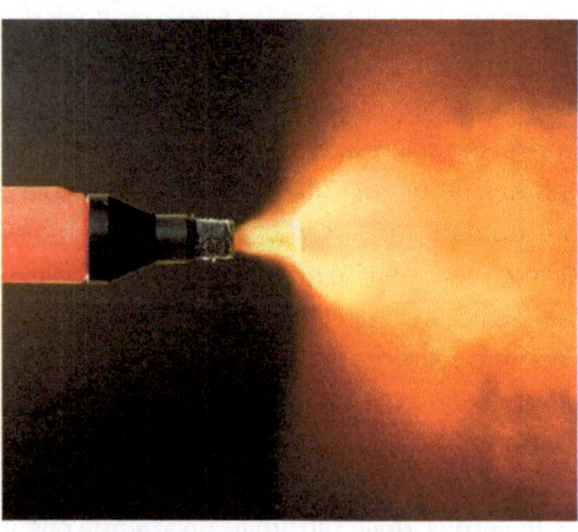

Copertura a spray di una superficie metallica.

Francesco Rizzo

Università
Bari

Titolo di studio
Laurea specialistica

Istituto scolastico
Istituto tecnico
per perito chimico

Azienda/Ente
Brembo S.p.A.
(Curno, Bergamo)
Sistemi frenanti

Data intervista
16 dicembre 2009

Come noto, i concetti di autostima ed autopromozione svolgono un ruolo fondamentale non solo nella giostra della vita, ma anche nella ricerca di una collocazione lavorativa nella società del terzo millennio, epoca caratterizzata da profonde modificazioni per quanto riguarda la concezione dell'occupazione e le modalità in cui essa è articolata, nonché quelle riguardanti la produzione e le tecnologie impiegate.

Francesco dimostra di avere buona sicurezza di sé, di conoscere gli elementi fondanti dell'autopromozione personale (chi sono; cosa so fare; cosa voglio o posso fare) e di possedere un buon livello di autostima, condizione che induce gli individui ad avere comportamenti meno conformistici e meno simili agli altri.

Egli non è un ingegnere, ma partecipa alla giornata di orientamento ed informazione sul mondo del lavoro e della formazione superiore denominata "Job Meeting & Trovolavoro.it BARI" presso il Politecnico di Bari: visita difatti i padiglioni delle imprese e degli enti partecipanti, si informa sulle opportunità professionali da poter cogliere, si avvicina allo stand di una azienda che considera "abbordabile" e lascia il proprio curriculum ad una garbata e graziosa manager. È così che parte il percorso occupazionale di Francesco che, nel mese di luglio del 2008, si trasferisce dalla provincia di Brindisi a quella di Bergamo dopo essere stato reclutato dalla società Brembo S.p.A., un'azienda italiana leader a livello mondiale nell'ambito dei sistemi frenanti, con un contratto di inserimento della durata di diciotto mesi, in seguito mutato in uno a tempo indeterminato.

Francesco struttura nel concreto il proprio progetto professionale e ostenta un'efficace intraprendenza sostenuta dal suo atteggiamento e dall'abilità nella gestione delle relazioni; un pizzico di fortuna lo ha assistito, ma l'intera situazione poggia indubbiamente su una buona formazione, sulle conoscenze acquisite, sulle competenze di base e su quelle trasversali: le capacità di "funzionare al plurale", di trasformarsi e muoversi con ruoli plurimi in contesti produttivi diversi.

"... Sono passato da un ambiente universitario, focalizzato sulla ricerca con finalità applicative, a quello della fonderia: un bel salto, ma senza alcun rimpianto. Mi sono iscritto nel 2001 al corso di laurea in Scienza dei Materiali presso l'Università degli Studi di Bari perché attratto dall'offerta formativa del corso: tanta fisica e chimica, oltre allo studio dei nuovi materiali nelle tecnologie d'avanguardia..."

Giunto al terzo anno, in prossimità della laurea, compone il progetto di tesi presso il laboratorio dell'Istituto di Metodologie Inorganiche e dei Plasmi (IMIP) del CNR di Bari inserendosi, per circa sei mesi, in un gruppo di ricerca orientato all'applicazione di tecnologie laser innovative per la diagnostica e il restauro dei beni culturali. Il suo elaborato *Diagnostica di leghe di rame in ambiente sommerso mediante spettroscopia di emissione di plasmi indotti di laser* potrebbe avere uno sviluppo di tipo applicativo: "... Permette l'analisi in acqua di manufatti in rame. Si pensi ai reperti archeologici sommersi e che non è possibile fare riemergere: potrebbero essere analizzati direttamente in mare. Si tratta di una metodologia sperimentale di analisi mediante tecniche e sistemi laser..."

Francesco continua spedito il suo percorso formativo frequentando il corso di laurea specialistica in Scienza e Tecnologie dei Materiali presso l'Università di Bari. Egli vuole assicurarsi il raggiungimento di specifiche conoscenze professionali attraverso una scrupolosa metodologia scientifica, per poter svolgere ruoli di elevata responsabilità nella progettazione e gestione di processi di ingente complessità riguardanti la sintesi e la caratterizzazione dei materiali. "... Sono stati due anni molto intensi, ho studiato tanto ma è stato anche molto interessante. Ricordo con piacere il periodo del tirocinio presso la sezione INFN (Istituto Nazionale di Fisica Nucleare) di Bari per la tesi: un'esperienza bella e formativa. Ho messo le mani su una serie di applicazioni pratiche: è stato anche divertente..." Si è trattato di una ricerca, finanziata dall'ESA (European Space Agency), ri-

guardante dei rivelatori in film di diamante ottenuti mediante la tecnica di *sputtering* da fasci ionici (*Ion Beam Sputtering*) utilizzati per un satellite, che sarebbe stato lanciato nello spazio.
Già sappiamo quale strada Francesco, conclusi gli studi, imbocca per inserirsi nel mondo del lavoro. "... E pensare che ho rimandato il colloquio per un paio di volte in quanto pensavo di non avere chance. Bergamo non è dietro l'angolo..." Al contrario, Francesco supera brillantemente l'intervista con il suo futuro direttore e nel giro di poche settimane lascia la splendida Apulia traslocando nella città lombarda.
La Brembo S.p.A. ha sede a Curno, a pochi chilometri da Bergamo ed è la prima azienda italiana che nel 1964 inizia a produrre, in Italia, i dischi freno per il mercato del ricambio, ai quali in seguito si affiancano altri componenti del sistema frenante. Nel giro di dieci anni diventa leader nelle applicazioni di sistemi frenanti per le competizioni motoristiche e per quelle di Formula 1; oggi è presente in tre continenti con siti produttivi in undici nazioni.
"... Sono stato assegnato al reparto Controllo e Qualità come responsabile di tutto il processo di fusione e lavorazione della pinza, che assieme al disco, costituiscono il corpo freno. Produciamo una pinza freno in alluminio per autovetture, innovativa nel disegno e nel materiale, destinata alle automobili di alta gamma ed alte prestazioni come Porsche, Mercedes, BMW e Ferrari. È di norma colorata, grigia, giallo o rossa. Controllo la qualità del suo processo di formazione: fusione, taglio e lavorazione meccanica. Sono equiparato ad un ingegnere di processo..."
Le conoscenze indispensabili per svolgere questa mansione vanno dai principi di organizzazione aziendale e di gestione delle risorse umane alle specifiche tecniche dei manufatti prodotti nell'azienda.
Francesco esercita la propria attività alternativamente da solo o in gruppo con altre tre persone alle quali coordina ed orga-

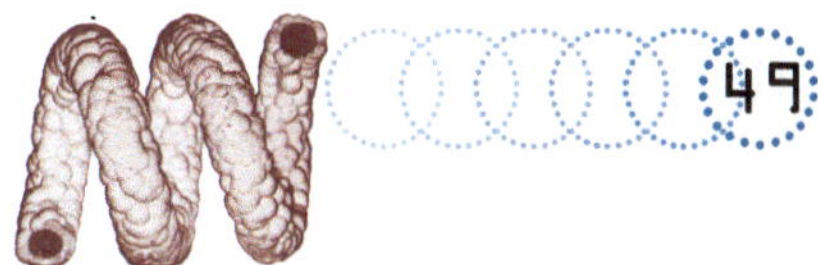

nizza il lavoro, pianifica metodi e tempi di produzione verificandone il rispetto. Quando è solo controlla l'efficienza del funzionamento degli impianti e dei macchinari utilizzati, provvede alla stesura delle istruzioni: se si verifica un problema di fusione viene avvisato dal personale.

"...Alla Brembo ho imparato che la qualità è una sfida verso il rischio zero nel prodotto, nei processi, nell'ambiente e nei materiali utilizzati. Il mio materiale è al momento l'alluminio..."

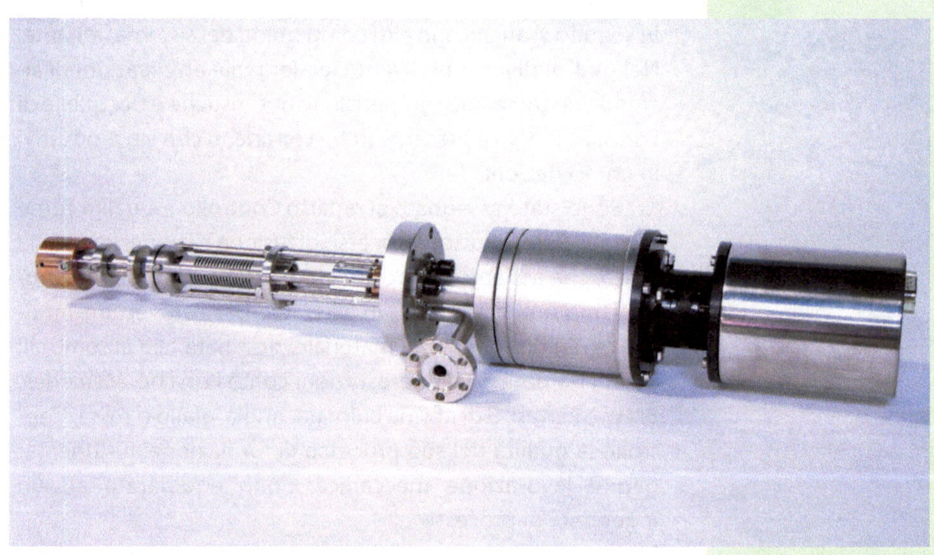

Passante per U.H.V.

Marcello Dallegri

Università
Genova

Titolo di studio
Laurea

Istituto scolastico
Liceo scientifico

Azienda/Ente
Ansaldo Energia S.p.A. (Genova)
Installazione e Service di impianti per Produzione di Energia

Data intervista
17 novembre 2009

Durante il terzo anno del corso di laurea in Scienza dei Materiali presso l'Università degli Studi di Genova, appena tornato da Vienna, dove ha trascorso lo stage per il lavoro di tesi, Marcello legge un annuncio nel quale la Ansaldo Ricerche S.p.A., una società Finmeccanica, cerca un tecnico possibilmente giovane per una sostituzione di maternità nel laboratorio chimico-metallurgico. Egli risponde all'avviso, sostiene un colloquio, lo supera e viene reclutato. Contemporaneamente continua gli studi: gli mancano qualche esame e la tesi per concludere la laurea triennale.

I materiali lo interessano sin dal liceo ed è particolarmente attratto dalla chimica e dalla fisica: risulta naturale iscriversi ad un corso di laurea focalizzato nel settore della scienza dei materiali, una moderna disciplina a cavallo tra le suddette materie, la quale ha l'obiettivo di far acquisire allo studente una buona conoscenza delle varie classi di materiali più solitamente utilizzati dall'industria. Le diverse discipline affrontate da Marcello lo proiettano nel mondo dei materiali metallici, ceramici, vetrosi, polimerici e compositi. Apprende le proprietà meccaniche, termomeccaniche, cinetiche e di reattività dei materiali; le modalità di preparazione, lavorazione ed uso; le tecnologie di fabbricazione; le metodologie per le caratterizzazioni termiche dei materiali polimerici; la definizione dei materiali compositi ed i principi della loro costituzione e preparazione, nonché della previsione delle loro proprietà.

Lo studio effettuato nel corso dei tre anni gli consente di ottenere quelle conoscenze di base sui trattamenti termici e meccanici dei materiali: esse gli risulteranno estremamente utili quando verrà inserito nel reparto materiali dell'Ansaldo Ricerche, dove principia a lavorare al rientro, come già anticipato, dal soggiorno speso nel laboratorio di chimica dei materiali a Vienna, dove ha preparato la propria tesi di laurea.

Nell'università viennese ha trascorso sei mesi grazie ad una borsa del progetto Erasmus, il quale consente agli studenti di effettuare un periodo di studio in uno dei paesi partecipanti al programma. Esso offre inoltre la possibilità di seguire corsi e usufruire delle strutture didattiche e di ricerca disponibili presso l'istituto ospitante senza il pagamento di ulteriori tasse di iscrizione e con il riconoscimento del periodo di studio all'estero tramite il trasferimento dei rispettivi crediti formativi.

Dal punto di vista della formazione Marcello riporta con molto entusiasmo la pratica vissuta, che gli ha permesso di godere di un'importante esperienza culturale, conoscere nuovi sistemi di istruzione superiore, perfezionare la conoscenza di una lingua diversa dalla propria ed incontrare giovani di altri paesi, prevalentemente europei. Ma è soprattutto il racconto dell'aspetto umano che scalda la sua voce quando riferisce che quel soggiorno ha rappresentato la prima occasione per vivere in maniera indipendente e per di più fuori dall'Italia. Il tirocinio per come è generalmente articolato favorisce un senso di comunità tra studenti provenienti da paesi diversi, l'assunzione di nuove responsabilità e il confronto con culture dissimili: la crescita personale è innegabile, "... si è soli in una realtà diversa, con una lingua non tua e una differente concezione dei corsi e spesso dello studio". Forse per questo l'esperienza Erasmus è divenuta una pratica molto diffusa tra gli studenti universitari europei.

Terminato il lavoro di tesi torna in Italia, ma non si laurea subito in quanto supera, come anticipato, una selezione che lo lancia nel 2007 nel mondo del lavoro, con un contratto a tempo determinato, nell'Ansaldo Ricerche S.p.A., un'azienda dedicata allo sviluppo di prodotti *high-tech* nei settori della produzione, distribuzione e utilizzo dell'energia elettrica. Marcello entra in un laboratorio di ricerca riguardante i materiali e i rivestimenti delle palette per le turbine: "... le palette vengono impiegate in condizioni molto critiche che compromettono la loro durata di vita, che si cerca di prolun-

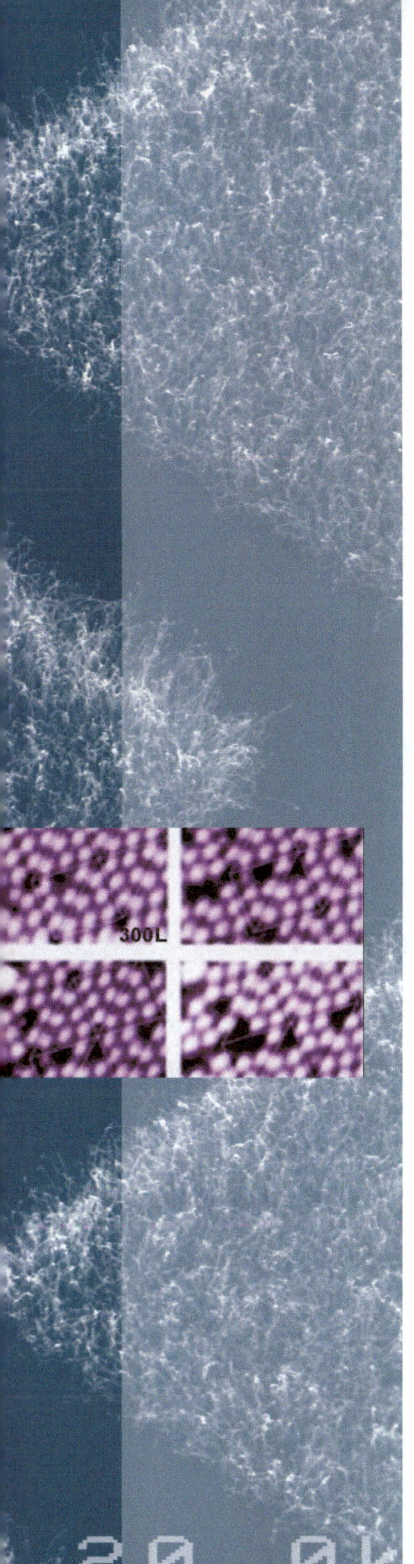

gare testando materiali nuovi per vedere di migliorare il loro comportamento..."

Dopo due anni trascorsi nel settore ricerca dell'azienda, Marcello viene trasferito in un altro reparto, quello dei materiali, dove attualmente cura varie attività tra le quali la più importante è il servizio di *failure analysis*. Esso è mirato alla riduzione della probabilità di rottura dei componenti e alla comprensione delle cause che hanno provocato il loro guasto o l'anomalia. Si tratta di un servizio che consente di determinare i motivi di rottura dei componenti, diagnosticare il problema emerso, dare importanti informazioni all'ingegneria attraverso l'effettuazione di diverse prove e osservazioni sui materiali. Una *failure* avviene quando un oggetto non dura quanto ci si aspettava in fase di progettazione. Se un componente non si comporta come previsto la *failure analysis* può aiutare a comprenderne le origini e progettare le soluzioni idonee a prevenire il ripetersi dell'irregolarità.

"... Mi sono trovato bene in entrambi i settori perché sono state esperienze diverse. La ricerca è molto interessante in quanto si è finalizzati e concentrati su di uno specifico tema per il suo approfondimento. La posizione attuale mi offre uno spettro di esperienze e di situazioni molto più ampio. Adesso approfondisco meno ma effettuo molte più prove, test ed osservazioni che hanno maggiore riferimento con quanto studiato durante il corso di laurea".

In azienda segue alcuni corsi di formazione tra cui uno per la preparazione metallografica, che gli fornisce delle approfondite conoscenze di metallurgia e metallografia oltre alla capacità di formulare giudizi sulla conformità dei prodotti in rapporti d'esame metallografico.

Marcello ha un unico rimpianto, quello di non aver ancora terminato il corso della laurea specialistica in quanto troppo coinvolto dalla professione. "... Ad un certo punto ho anche pensato di rinunciare al terzo anno di lavoro a tempo deter-

minato, riprendere più speditamente gli studi e concentrarmi per la conclusione della specialistica. L'azienda però mi ha offerto un contratto indeterminato; la circostanza ha cambiato le carte in tavola ed ho accettato la proposta con grande gioia…"

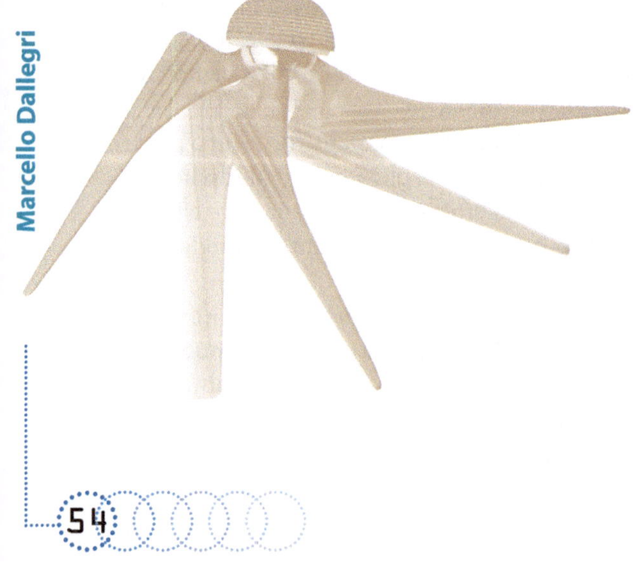

Nadia Galimberti

Università
Milano-Bicocca

Titolo di studio
Laurea

Istituto scolastico
Liceo scientifico

Azienda/Ente
Pramac Swiss SA
(Riazzino, Svizzera)
Fotovoltaico

Data intervista
19 aprile 2010

Il fotovoltaico è il settore imprenditoriale, di ricerca e d'innovazione in termini di prodotti e servizi nel quale Nadia si esprime professionalmente con successo e soddisfazione: ha una giovanissima età e, in un mondo a prevalenza maschile, ha raggiunto il ruolo di responsabile del controllo qualità e della metrologia alla Prama Swiss SA, a Riazzino in Svizzera.
L'azienda è italiana e fa parte del gruppo Pramac S.p.A., il quale opera su scala mondiale attraverso stabilimenti produttivi sparsi in Europa e all'estero nel settore della produzione e distribuzione di gruppi elettrogeni, di macchinari per la movimentazione logistica e nel fotovoltaico. Ed è proprio nello stabilimento del Canton Ticino, acquistato nel 2008 dalla Pramac per la fabbricazione e la vendita di moduli fotovoltaici di nuova generazione, in cui Nadia si trasferisce da Milano, nel settembre del medesimo anno.
L'acquisizione del *know-how* tecnologico che ella controlla parte con la precedente esperienza occupazionale vissuta nel capoluogo lombardo presso i Pirelli Labs, nel reparto di *optical innovation*. Nadia arriva nel centro di ricerca del gruppo Pirelli grazie alla collaborazione in atto con l'Università di Milano Bicocca, la quale offre l'opportunità di trascorrere uno stage per la compilazione del progetto di tesi agli studenti del corso di laurea in Scienza dei Materiali. "… Ai Pirelli Labs ho sostenuto un colloquio pre-stage che ho superato e che mi ha permesso di lavorare sulla caratterizzazione elettrica ed ottica di filtri tunabili, per circa sei mesi. La prima fase è stata teorica: progettazione e design di questo particolare filtro con funzione di trasferimento variabile tramite comando elettrico, un *chip* inserito all'interno di un laser. Nella seconda fase abbiamo realizzato le misure di tipo elettrico ed ottico e portato avanti l'attività sperimentale di caratterizzazione del dispositivo che avevamo concepito. Sono stata seguita da due persone e l'esperienza nel suo insieme è stata fantastica. La scelta di questo corso di studi è stata ottima, la ripeterei senza la minima esitazione…"

Nel luglio del 2005 Nadia si laurea ed ottiene la conferma dello stage, cui segue un anno di borsa di studio e, subito dopo, l'assunzione ai Pirelli Labs. L'attività di ricerca svolta in tali laboratori era principalmente dedicata allo studio di dispositivi opto-elettronici per applicazioni nel settore della telecomunicazione. Qui ella prosegue il lavoro iniziato con lo stage, continua lo sviluppo del progetto e ne cura tutto il processo produttivo: il prototipo, il consolidamento del dispositivo e la sua introduzione nella produzione. "… Ho visto tutta l'evoluzione del filtro: dalla nascita fino alla produzione e alla messa sul mercato. Una panoramica completa. È stato straordinario, non poteva andare meglio…".

Perché allora ha lasciato la Pirelli Labs? "… Beh, accadono due cose: la prima è che la crisi finanziaria internazionale inizia a farsi sentire, le ristrutturazioni aziendali sono nell'aria, si respirano e creano ovviamente preoccupazione. La seconda è che il mio diretto superiore si sposta alla Pramac e con lui alcune persone del team, me inclusa…"

Nadia raduna le proprie cose, armi e bagagli e trasloca alla Pramac Swiss, la quale, con il suo stabilimento di 16.000 m^2, è il più grande impianto di produzione di pannelli solari in Svizzera e un importante punto di riferimento nel mercato del fotovoltaico. Per la nostra amica il cambiamento è sostanziale, deve confrontarsi con la gestione di un prodotto altamente tecnologico, frutto di soluzioni innovative, efficienti ed ecologicamente sostenibili. Racconta che la tecnologia utilizzata per la produzione dei moduli fotovoltaici si basa sulla deposizione a film sottile in silicio amorfo/microcristallino su vetri di grande dimensione. La deposizione lascia sul vetro frontale, ad altissima trasparenza, le due giunzioni sensibili alla luce visibile ed infrarossa; il contatto fronte-retro è ottenuto attraverso un processo in cui è usato l'ossido di zinco. È una tecnica più evoluta

Movimentazione dei moduli fotovoltaici, Pramac Swiss SA.

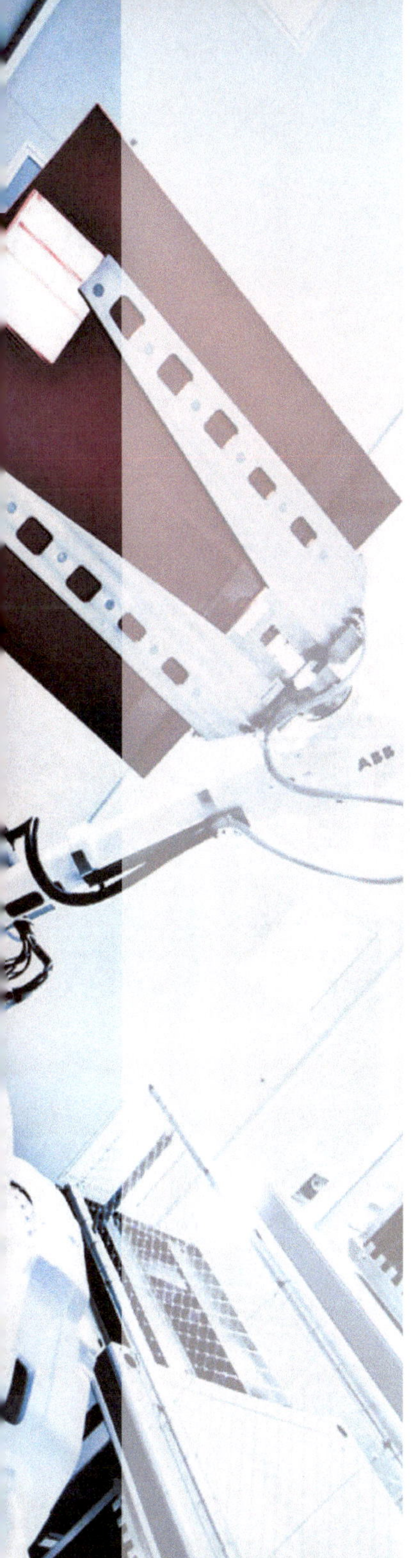

Reparto di produzione, Pramac Swiss SA.

che coniuga l'efficienza del silicio amorfo alle alte temperature e, con luce diffusa, alla stabilità del silicio microcristallino: aumenta infatti l'efficienza dei dispositivi ed è ecocompatibile in quanto i moduli non contengono sostanze pericolose o dannose per l'ambiente e l'uomo.

"... Questi moduli a film sottile rappresentano la seconda generazione dei pannelli fotovoltaici e si presentano come lastre nere uniformi. Con essi è stato superato il metodo della fabbricazione di ogni singola cella, che poi viene affiancata ad un'altra e così via: si tratta di un'unica deposizione. Lavoriamo su vetri di dimensione di circa un metro per un metro e la deposizione avviene su tutta la sua superficie attraverso distinte fasi e con vari materiali, i quali vengono cresciuti in maniera diversa al fine di creare la giunzione che genera la corrente. È come un enorme *wafer* di silicio che viene depositato tutto contemporaneamente; il modulo fotovoltaico esce completo. L'obiettivo principale è quello dell'economicità: si depongono piccolissimi strati di silicio, per cui la quantità di materiale utilizzato è minore, il suo assemblaggio è molto più veloce, i costi di produzione vengono ridotti e l'efficienza di questo tipo di moduli è assolutamente comparabile a quella dei pannelli tradizionali, detti di prima generazione…"

Nadia alla Pramac Swiss ricopre l'incarico di *Head of Quality Assurance & Reliability*: ha pertanto la responsabilità di organizzare, coordinare e verificare il lavoro delle persone della sua squadra costituita da un assistente personale e quattro tecnici di laboratorio. "… È cambiata la mia posizione, oggi oltre alla parte tecnica curo anche quella gestionale, in un'azienda giovane e dinamica. I materiali no, sono sempre i medesimi, molto simili a quelli trattati ai Pirelli Labs: lavoravo con i semiconduttori prima, ossia *chip* in silicio con una parte in cristalli liquidi, moduli fotovoltaici a film sottile in silicio adesso…"

Movimentazione dei moduli fotovoltaici, Pramac Swiss SA.

Niccolò Patron

Università
Padova

Titolo di studio
Laurea specialistica

Istituto scolastico
Liceo scientifico

Azienda/Ente
ITT Italia S.r.l.
(Barge, Cuneo)
Motion Technologies

Data intervista
17 maggio 2010

Il trasferimento tecnologico finalizzato all'applicazione industriale: esso ha costituito uno stimolo intellettuale per Niccolò, il quale non ha rinunciato ad occuparsene nella tesi di laurea specialistica in Scienza dei Materiali, nel master in *Surface Treatment for Industrial Applications* e nei due anni trascorsi presso i laboratori di ricerca INFN, risolvendo i problemi posti dalle aziende. L'esperienza e l'elevata professionalità sviluppate gli hanno infine permesso di giungere in una multinazionale americana produttrice di materiale di attrito.

"... Finito il liceo ho voluto seguire un corso di laurea scientifico, ma molto collegato con la realtà e la vita di tutti i giorni. Mi interessava fare una ricerca di base, che però avesse un riscontro più marcato e soprattutto raffrontabile nella quotidianità tecnologica..."

Seguendo le sue inclinazioni Niccolò sceglie una tesi di laurea sperimentale e passa circa un anno di internato presso i Laboratori Nazionali di Legnaro dell'INFN (Istituto Nazionale di Fisica Nucleare) in provincia di Padova, città dove ha frequentato l'università e, subito dopo, il master internazionale. Nei laboratori di Legnaro si occupa di ricoprimenti metallici della parte degli acceleratori nucleari chiamata cavità: è la porzione che cede energia al fascio e quindi lo accelera. L'attività di Niccolò è stata quella di ricoprire con un sottile strato di niobio, un metallo molto costoso, le cavità realizzate con un metallo più povero, tipo il rame.

Perché viene utilizzato proprio il niobio? "... La scelta di questo materiale dipende dal fatto che esso è un superconduttore a temperature relativamente alte, è dunque tecnologicamente il compromesso migliore tra i costi di raffreddamento di tutto l'acceleratore ed un'alta energia del fascio accelerato. Il mio lavoro prevedeva sia l'approfondimento della ricerca vera e propria sia lo sfruttamento di tutte quelle tecnologie da noi adottate per ricoprire le cavità, favorendo l'incontro con il mondo delle imprese, il quale pone quesiti di carattere tecnologico.

Pertanto personalmente oltre alla ricerca di base, mi sono applicato per il trasferimento tecnologico, cosa per me molto significativa..."

Niccolò si laurea nel novembre del 2004 e si iscrive ad un master della durata di un anno in trattamenti di superficie per l'industria. Le lezioni si svolgono in parte nei laboratori di Legnaro ed in parte con modalità itinerante, ossia presso varie aziende sparse per l'Italia. Egli opta per il master poiché lo valuta una scelta più concreta, non volendo rimanere bloccato per troppi anni in situazioni di precarietà.

"... Rifarei il master e lo consiglio: in questo ulteriore anno ho potuto imparare e 'divertirmi' con tecniche nuove, avendo la totale libertà di selezionarle, studiarle e costruirle. Erano tutti metodi che mi avrebbero consentito di interagire con le industrie di alta tecnologia..."

Mi descrive una tecnica ed un prodotto realizzato? "... Ho sviluppato una mini sorgente di plasma atmosferico[1] a bassissimo costo, praticamente un ago sulla cui punta si accendevano 5 mm di plasma freddo: era come avere in mano una specie di 'spada laser', solo molto più piccola. La soluzione individuata mi permetteva di introdurre all'interno di questo ago, sulla cui punta si accendeva il plasma, i gas che venivano ionizzati e perciò resi energicamente attivi; si andavano poi a trattare per esempio superfici di provette al fine di renderle idrofiliche[2] o idrofobiche[3] a seconda del gas che veniva iniettato..."

1. Tale tecnologia è applicabile a fibre, tessuti, cuoio, polimeri, metalli e materiali ceramici. Attribuisce loro delle caratteristiche peculiari come l'anti-restringimento della lana, la tingibilità del cotone, l'idrofobicità del cuoio, la bagnabilità e le proprietà barriera dei polimeri.

2. Con questo termine si indicano raggruppamenti atomici o molecole che godono di una certa affinità chimica o chimico-fisica per l'acqua. Generalmente il fenomeno riguarda composti polari o ionici i quali hanno la tendenza a sciogliersi facilmente in acqua o soluzioni acquose.

3. Questo termine indica raggruppamenti atomici o molecole che hanno scarsa affinità chimica o chimico-fisica per l'acqua. Generalmente il fenomeno riguarda composti polari o ionici i quali non hanno la tendenza a sciogliersi facilmente in acqua o soluzioni acquose.

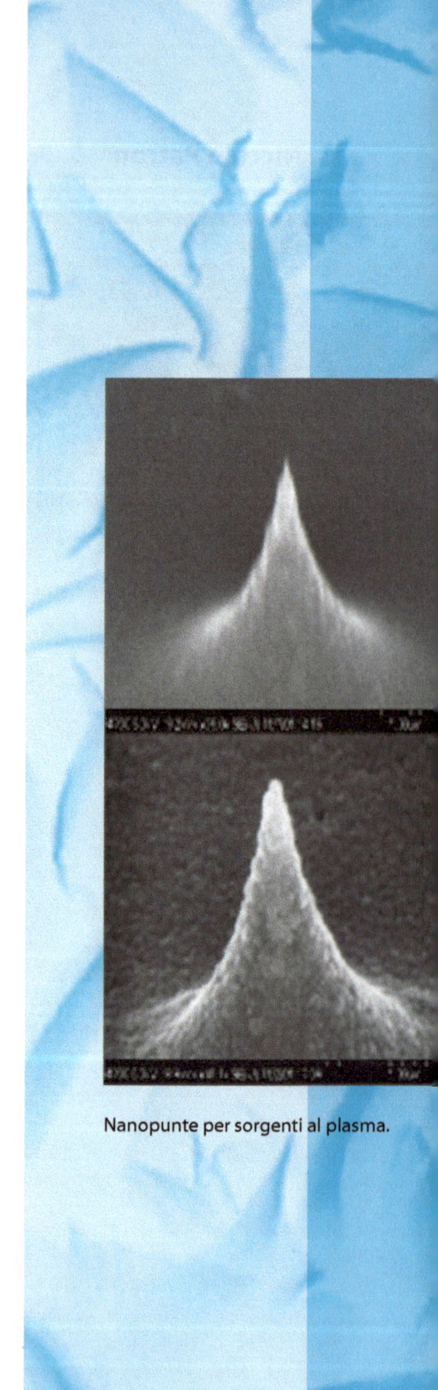

Nanopunte per sorgenti al plasma.

Mi ha intrigato, ne racconti ancora una. "… Mi sono impegnato nel ricoprimento attraverso film sottili metallici e ceramici delle più disparate superfici, per uso decorativo ma non solo. Ho ricoperto di *diamond-like*[4] i pistoni di un go-kart che faceva gare. Il *diamond-like* ha caratteristiche di estrema durezza, è molto denso e compatto e molto meno prezioso, dato che non ha esattamente le proprietà chimiche del diamante. L'industria produttrice si era rivolta al nostro laboratorio e ho trattato volentieri la questione. Il master mi ha messo nelle condizioni di lavorare, oltre che studiare; mi ha fatto provare inoltre cosa significa comprendere una tecnologia, prenderla per mano e risolvere un problema reale, rispettando le richieste dell'industria ed i tempi stabiliti…"

Durante il master Niccolò si concentra sul plasma atmosferico, il quale è di grande interesse per la comunità degli acceleratori in radiofrequenza e degli utilizzatori di tecnologie superconduttive. Lo scopo della ricerca era quello di tentare la pulizia delle cavità, le quali sono molto lunghe, grosse e pesanti, direttamente dentro l'acceleratore evitandone lo smontaggio, con un evidente e consistente risparmio di tempo e di soldi. "… L'idea era quella di accendere il plasma atmosferico direttamente nella cavità, spruzzare dentro dei gas che potevano pulire la superficie, fare dell'*etching*[5] all'interno della cavità. Quello che attualmente si fa durante la manutenzione dell'acceleratore è il suo spegnimento e l'intero smontaggio: il macchinario risulta inagibile per mesi…"

Nel febbraio del 2006 Niccolò conclude il master e per altri due anni continua le proprie attività, beneficiando di borse di studio erogate dal Consorzio Ferrara Ricerche[6] e di contratti ricevuti dal laboratorio di superconduttività dell'INFN di Le-

4. I rivestimenti *diamond-like* sono film con proprietà di elevata durezza, inerzia chimica, basso attrito, isolamento termico, compatibilità biologica e resistenza all'usura.
5. Attivare un attacco chimico.

gnaro per gli incarichi commissionati dalle industrie. In questo modo egli riesce a mantenersi ma è sempre attento nell'individuazione di un'occupazione alternativa che dia maggiori sicurezze e gli fornisca lo stesso tipo di soddisfazioni. "... Inviavo il mio curriculum a tutti gli annunci che richiedevano una laurea in materie scientifiche per posizioni in 'Ricerca e Sviluppo'. Il mio obiettivo era quello di proseguire l'attività di ricercatore, ma dentro un'azienda..."

La perseveranza, la competenza e la serietà di Niccolò vengono premiate ed oggi egli continua a fare ricerca nel settore *automotive* in un'industria privata americana, la ITT Friction Technologies, nello stabilimento di Barge (in provincia di Cuneo). Egli afferisce al settore R&S, una divisione dedicata alla ricerca teorico-pratica, dotata di attrezzature e laboratori innovativi per lo sviluppo di tecnologie di attrito applicabili al controllo del movimento e dei veicoli.

"... Lascio Padova, che rappresentava tutta la mia vita, per il Piemonte e mi sposto di circa 500 km. Nord per nord, ma non è stato indolore. Mi hanno offerto da subito un contratto a tempo indeterminato e, superati gli iniziali disorientamenti, adesso svolgo un lavoro interessante per una persona laureata in Scienza dei Materiali, la quale ha fatto un percorso di formazione come il mio..."

Sono trascorsi tre anni. Che cosa ha combinato? "... Ho iniziato entrando in un gruppo di tre persone che si occupava solo di ricerca di base: non toccavo infatti con mano il prodotto ed il suo sviluppo. Dopo un anno, insieme a due colleghi, abbiamo trasferito il nostro studio verso un materiale particolare, una mescola che viene utilizzata principalmente nei mercati americani ed asiatici. Questo materiale è chiamato NAO (Non Asbe-

6. Un'organizzazione non-profit, a partecipazione pubblica e privata, la cui *mission* è supportare e promuovere la ricerca, l'innovazione e il trasferimento tecnologico, favorendo l'incontro tra i generatori di *know-how*, le organizzazioni industriali ed il mondo del lavoro.

stos Organic); in Europa è ancora poco conosciuto e noi lo stiamo proponendo. Mi sono molto speso su questa ricerca e sul fatto che il NAO venisse preso in maggior considerazione dentro l'azienda. Questo tipo di materiale è privo di asbesto[7] ed è ricco di elementi organici, a differenza di quelli montati in Europa che hanno abrasivi molto forti e sono pieni di acciaio: essi hanno una prestazione migliore ma un comfort certamente peggiore. Nei paesi europei le persone guidano a velocità sostenuta, quindi il NAO non è adatto: in altri paesi in cui l'idea e l'uso del veicolo sono culturalmente diversi e si corre meno, viene invece privilegiato il comfort, non la prestazione. Considerato che il mondo sta cambiando e la gente non avrà più la possibilità di andare così forte, per motivi legislativi ed economici, anche nel nostro continente si sta diffondendo l'idea o la voglia da parte delle ditte che costruiscono autovetture di introdurre nei loro veicoli questo tipo di concetto..."
Niccolò lavora in una squadra e non ha ancora un gruppo tutto suo; le premesse sono comunque buone. Viaggia quanto basta: Germania, USA, Corea e Giappone sono paesi dove spesso si reca a presentare le soluzioni connesse a questo nuovo tipo di materiale.

7. Altro nome dell'amianto di serpentino.

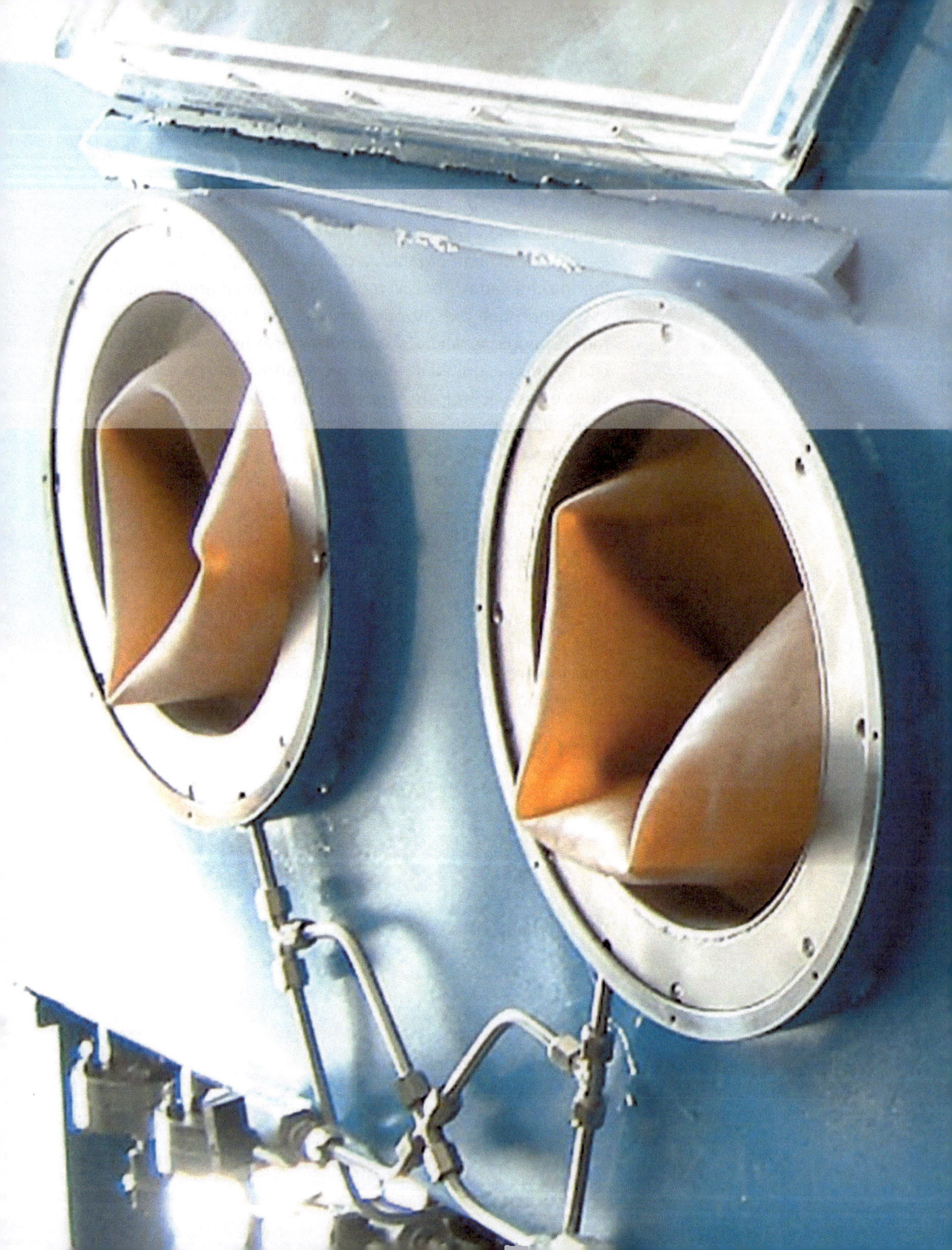

Alessandro Roselli

Università
Bari

Titolo di studio
Laurea specialistica

Istituto scolastico
Liceo scientifico

Azienda/Ente
Bridgestone Italia S.p.A.
(Modugno, Bari)
Pneumatici

Data intervista
15 dicembre 2009

Un compagno di liceo comunica ad Alessandro dell'esistenza di un nuovo corso di laurea fortemente interdisciplinare che si occupa di materiali senza trascurare le scienze di base come la chimica, la fisica, la matematica e si pone come obiettivo quello di formare esperti qualificati: in tal modo si migliorano le possibilità di impiego dei materiali esistenti per soddisfare le richieste occupazionali che provengono dalle aziende e dagli enti attivi in questo settore.

Il corso in Scienza dei Materiali, al quale il nostro protagonista si iscrive senza incertezze presso la sede dell'Università di Bari, ha inoltre una forte attenzione alla professionalizzazione operando in stretto collegamento con il mondo del lavoro. Alessandro segue i vari insegnamenti che prevedono lezioni in aula ed esercitazioni guidate in laboratorio: nei primi due anni sostiene un bel numero di esami e nel corso del terzo anno si concentra sulla preparazione della propria tesi di laurea svolta presso il laboratorio regionale CNR-INFM LIT3 di Bari dove trascorre uno stage di quattro mesi.

Il lavoro di tesi dal titolo *Deposizione in fase vapore di film di nitruro di silicio per applicazioni in optoelettronica e microelettronica* ha come obiettivo la realizzazione pratica di film di nitruro di silicio in *clean room* (camera pulita)[1] mediante la tecnica PECVD (Plasma Enhanced Chemical Vapour Deposition) e caratterizzazione ottica ed elettrica dei film tramite realizzazione di capacitori. Alessandro decide di proseguire gli studi, sempre presso l'Università di Bari, con la laurea specialistica in Scienza e Tecnologie dei Materiali la quale ha lo scopo di garantire allo

1. *La camera pulita* è un laboratorio sperimentale ove avvengono preparazioni e lavorazioni di materiali in una condizione ambientale nella quale è indispensabile che tutta l'aria venga filtrata e privata del pulviscolo normalmente presente, mantenendo la temperatura e l'umidità del locale intorno a dei valori prefissati. L'aria è riciclata da potenti impianti, che immettono l'aria filtrata dall'alto, e la prelevano da un *plenum* sottostante il pavimento rialzato della camera pulita. Gli operatori che accedono nella camera pulita indossano vesti e scarpe speciali in modo da non contaminare la *clean room*: si spazia da un semplice camice e sovrascarpe a particolari tute con scafandro a chiusura integrale per le *clean room* più sofisticate.

Glove box.

studente un'approfondita padronanza e conoscenza di metodi e contenuti scientifici generali, la capacità di trattare con competenza situazioni di elevata responsabilità nella ricerca, nello sviluppo di tecnologie innovative e nel campo delle applicazioni dei materiali al mondo industriale.

Tutto ciò accade: vediamo in che modo. Egli passa sei mesi a Roma, per l'elaborazione della prova finale, nell'area Ricerca e Sviluppo della Bridgestone Technical Center Europe S.p.A. Il progetto della tesi portato avanti dal nostro protagonista riguarda la valutazione di nuovi precursori per il processo di vulcanizzazione.[2] "... L'obiettivo della mia tesi è stato quello di valutare la reattività e la cinetica del binomio ZnO-*Chemicals* sul processo di *crosslinking*. È stata un'ottima esperienza dal punto di vista della formazione personale; i tutor aziendali mi hanno seguito molto scrupolosamente e mi sono stati vicini anche dal punto di vista umano..."

Tornato a Bari si laurea e vince una borsa di studio aggiuntiva per il dottorato di ricerca in Chimica dei Materiali Innovativi (finalizzato alla formazione di esperti di alto profilo nel campo dei materiali polimerici), finanziata dalla Bridgestone Technical Center Europe S.p.A.

La tesi di dottorato ha come obiettivo lo sviluppo e la valutazione di nuovi *chemicals* di vulcanizzazione tramite MCV (Model Compound Vulcanization); vengono utilizzate le tecniche MALDI-TOF (Matrix Assisted Laser Desorption Ionization Time of Fly) e HPLC (High Performance Liquid Chromatography).

Durante il primo anno di dottorato Alessandro apprende che la Bridgestone Italia S.p.A., nello stabilimento di Modugno in provincia di Bari, sta cercando un tecnico processista. Egli partecipa alla selezione e dopo una serie di colloqui la multina-

2. La vulcanizzazione è un processo di lavorazione della gomma, che viene legata chimicamente allo zolfo mediante riscaldamento per migliorarne la resistenza meccanica e farle acquisire le caratteristiche dello stato elastico. La gomma vulcanizzata è utilizzata per produrre pneumatici per automobili, nastri trasportatori, tubature, tubi e materiale isolante.

zionale giapponese gli offre un contratto a tempo determinato della durata di quattro mesi. "… Ho dovuto scegliere: accettare l'offerta della Bridgestone significava rinunciare al dottorato di ricerca; quattro mesi contro i tre anni di quest'ultimo. Ho rischiato e ho accettato l'offerta. Dal primo settembre lavoro in questa grande e prestigiosa azienda con la volontà di acquisire globalmente l'arte della costruzione dello pneumatico, uno dei materiali più complessi dal punto di vista tecnologico …"

Alessandro attualmente si occupa del processo di estrusione, processo che è alla base dei semilavorati (componenti principali dello pneumatico). Nelle proprie attività egli affianca una persona senior ed è inserito nel team del Technical Center della Bridgestone Italia la quale ha il compito di supportare tecnologicamente la produzione.

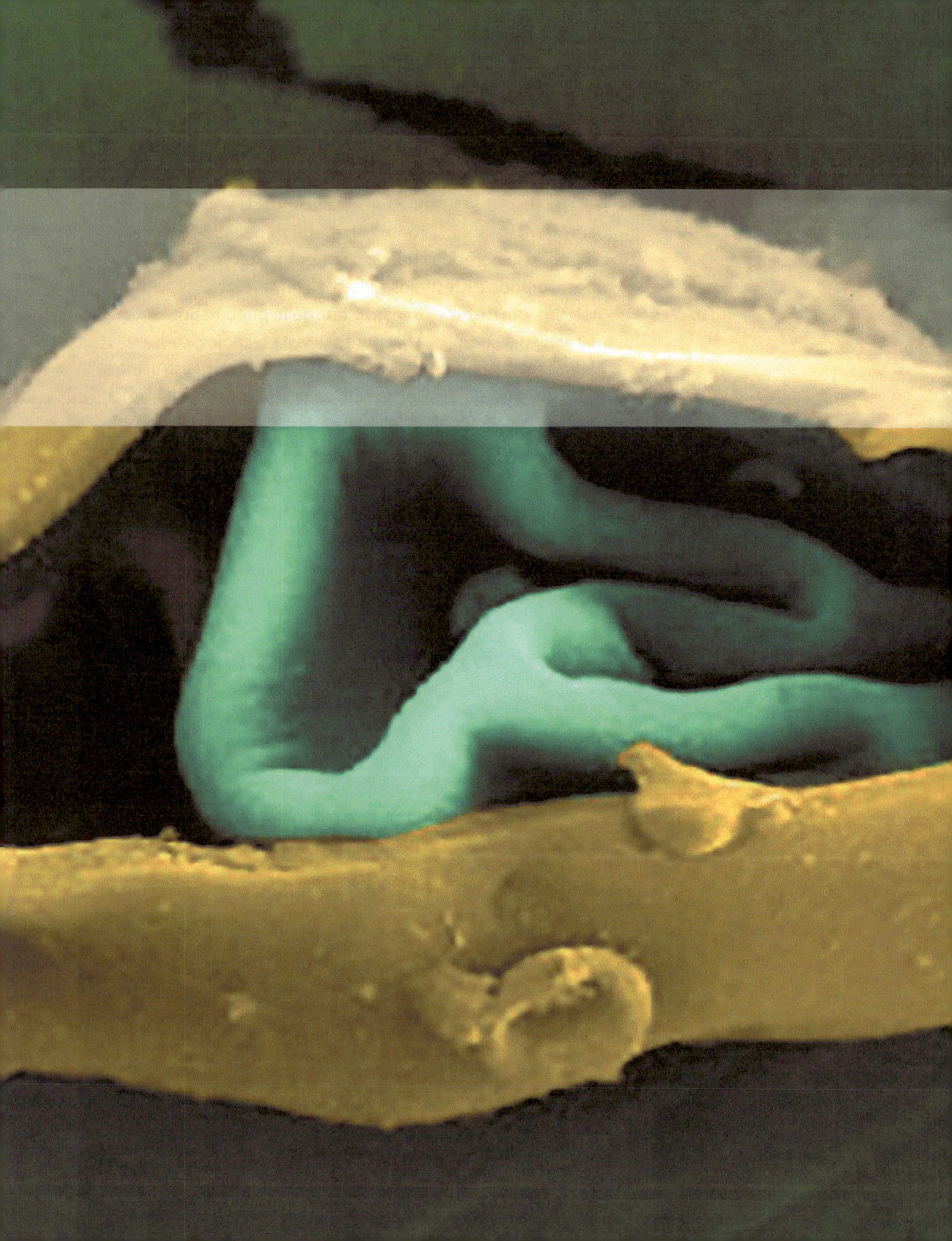

Annalisa Viglietta

Università
Tor Vergata, Roma

Titolo di studio
Laurea

Istituto scolastico
Liceo scientifico

Azienda/Ente
Trelleborg Wheel System S.p.A. (Tivoli, Roma)
Pneumatici

Data intervista
13 ottobre 2009

Alla domanda *Perché ha scelto di iscriversi al corso di laurea in Scienza dei Materiali?* Annalisa risponde di aver voluto frequentare un corso attivo, non troppo teorico e con uno spiccato orientamento verso la pratica, i laboratori, la sperimentazione. Cercava un corso che fornisse un'elevata competenza nelle attività operative di laboratorio. All'epoca non poteva immaginare quanto queste competenze le sarebbero state indispensabili per espletare al meglio l'incarico di coordinatrice del laboratorio dei materiali di rinforzo presso la Trelleborg Wheel System S.p.A., grande azienda leader nella fornitura di pneumatici, dove attualmente lavora.

La scelta del corso si rivela azzeccata per le sue aspirazioni: potrà studiare le proprietà chimiche e fisiche dei materiali, apprendere le capacità sperimentali necessarie per la loro caratterizzazione e raggiungere le indispensabili competenze tecnico professionali per il loro utilizzo a scopo applicativo.

Annalisa non ha alcun dubbio, non chiede consiglio a nessuno e si iscrive al suddetto corso presso l'Università degli Studi di Roma Tor Vergata. Segue regolarmente le lezioni, definisce il carico didattico non pesante ma sicuramente impegnativo: sostiene esami di fisica, chimica, matematica, informatica, calcolo e tra le lezioni e le attività in laboratorio trascorre tutta la giornata all'università. Questa dimensione alimenta entusiasmo ed interesse e nei tempi previsti consegue la laurea triennale dopo aver trascorso uno stage presso la sede di Frascati dell'ente di ricerca nazionale ENEA, dove viene inserita in un gruppo che si occupa della caratterizzazione di nanotubi,[1] argomento della sua tesi di laurea.

"... È stata un'esperienza bella, piena di novità, molto stimolante, in un contesto molto diverso da quello universitario..." È infatti attraverso lo stage esterno, previsto dal corso di laurea, che Annalisa verifica le applicazioni pratiche di quanto appreso nella

1. Un nanotubo è una struttura cilindrica cava di dimensioni nanometriche, costituita da uno strato di singoli atomi di carbonio.

teoria: è un'opportunità per calarsi nella realtà occupazionale e acquisire conoscenze che l'università da sola non può fornire. Con il tirocinio, spesso utilizzato come strumento di orientamento al lavoro, Annalisa si avvantaggia nella comprensione delle dinamiche che esistono in un luogo di produzione, sperimenta il lavoro d'équipe, organizzato collettivamente, con compiti distribuiti, e si addestra nell'esercizio dell'assunzione di responsabilità. Tutto questo si rivela utilissimo in quanto ella aveva già deciso di inserirsi in un'azienda, anche se nel contempo si iscrive alla laurea specialistica.
Inizia a lavorare alla Trelleborg Wheel System S.p.A. dove, nel laboratorio che dirige, si occupa insieme a due collaboratori del controllo qualità e della ricerca e sviluppo dei materiali di rinforzo dello pneumatico: carcasse, cinture e cerchietti. "... Testiamo acciaio, fibre di nylon, poliestere e rayon. Facciamo sia controlli chimici che fisici. Esaminiamo tutte le proprietà meccaniche che hanno questi materiali: carichi di rottura, allungamenti, ritiri, torsioni ecc. Poi analizziamo il composto tra gomma e tessuto: il cosiddetto materiale di rinforzo dello pneumatico che dà le caratteristiche strutturali ad esso stesso.

Microcristalli di forme allotropiche del carbonio (Dip. Scienze e Tecnologie Chimiche, Università di Roma Tor Vergata).

È un lavoro molto specialistico, a volte ripetitivo ma che implica una formazione continua, un aggiornamento continuo, una ricerca continua…"

L'innovazione è un elemento costante della loro attività. "… I materiali vanno sempre avanti. Come noi introduciamo nuovi prodotti anche le industrie che producono queste fibre creano altri prodotti che comunque vanno sempre testati. Sono sempre nuovi con proprietà meccaniche, chimiche e fisiche comunque diverse…" Le varie mescole utilizzate in uno pneumatico contribuiscono in modo significativo alle sue prestazioni: sono il risultato di un intenso lavoro di ricerca e sviluppo effettuato da ingegneri specializzati nelle mescole e da esperti di materiali.
Annalisa rammenta a questo punto gli svariati esami di scienza e tecnologia dei materiali, sostenuti verso la fine del corso di laurea, attraverso i quali ha visto progressivamente integrarsi i due diversi approcci, quello chimico e quello fisico, nello studio dei materiali. Menziona altresì gli insegnamenti di cultura generale che le hanno fornito una capacità di operare in modo coordinato all'interno di un gruppo e di sviluppare una corretta comunicazione scientifica.
Tiene anche a ricordare la grande disponibilità dei docenti che si sono presi cura del suo percorso formativo. "Quando avete problemi venite nel mio ufficio, non abbiate esitazioni": sono parole che testimoniano una generosa accoglienza e un'apertura culturale verso gli studenti, ad essere sinceri in numero esiguo, che Annalisa conserva nel suo cuore. Per alcuni anni è riuscita a conciliare le responsabilità professionali con lo studio di livello superiore; i successivi impegni di lavoro e i cambiamenti sostanziali intervenuti nella sua vita privata hanno determinato un rallentamento dell'attività didattica. Nonostante le manchino pochissimi esami, non ha ancora concluso il secondo livello universitario che, in ogni caso, Annalisa desidera fortemente terminare dopo che sarà diventata mamma… fra qualche mese.

Paolo Renati

Università
Genova

Titolo di studio
Laurea specialistica

Istituto scolastico
Liceo scientifico

Azienda/Ente
Ansaldo Energia S.p.A.
(Genova)
Installazione e Service di impianti per Produzione di Energia

Data intervista
17 novembre 2009

Laboratorio di analisi.

A diciannove anni, concluso il liceo scientifico a Vigevano, Paolo ha già le idee chiare riguardo il proprio futuro: sa cosa cercare e appaga le proprie aspettative all'Università di Genova dove si immatricola al corso di laurea in Scienza dei Materiali; dopo due anni e dieci mesi a quello di Scienza e Ingegneria dei Materiali, una laurea specialistica interfacoltà.
Ha bisogno di ambienti appropriati dove poter esprimere e sviluppare la curiosità intellettuale che ha verso tutti i campi, scientifici ed umanistici; sente anche la necessità di ampliare una mentalità scientifica e tecnologica divenuta una risorsa irrinunciabile nell'attuale società della conoscenza. Tutto questo attribuisce dei valori aggiuntivi che Paolo conserverà quando entrerà, nel maggio 2009, all'Ansaldo Energia S.p.A. del gruppo Finmeccanica a Genova.
Ritornando al percorso universitario decide di iscriversi al corso di laurea in Scienza dei Materiali dopo averne letto gli obiettivi formativi, coincidenti con quanto Paolo desidera realizzare. A lui sta a cuore acquisire un approccio multidisciplinare, una comprensione profonda della struttura della materia, ossia cosa c'è dentro i materiali, osservando da svariati punti di vista: da quello della fisica, chimica, metallurgia e del comportamento meccanico ed ingegneristico.
"... C'era una forte confluenza multidisciplinare che ha rafforzato la mia scelta. Sarò sempre contento per tutto quello che ho appreso nell'Università di Genova". Non perde una lezione: stare in aula, ascoltare il docente e prendere appunti significa crearsi un indubbio vantaggio nello studio a casa che è impegnativo, volendo mantenere la successione degli esami per laurearsi entro i tempi previsti dagli ordinamenti. "... È un corso di laurea che esige applicazione ma è molto appassionante. Mi sono letteralmente innamorato di quello che stavo studiando..."
Svolge il tirocinio per il lavoro di tesi della laurea triennale presso l'ente di ricerca INFM (Istituto Nazionale di Fisica della Materia) e nei laboratori del Dipartimento di Fisica dell'Uni-

versità di Genova; affronta un argomento molto specialistico che riguarda una caratterizzazione tramite tecniche ottiche, precisamente la spettroellissometria[1] delle proprietà ottiche ed elettroniche di una perovskite, il titanato di stronzio.[2] Questo studio era finalizzato alla costruzione di un transistor ibrido organico ed inorganico.

Si iscrive alla laurea specialistica interfacoltà, Facoltà di Scienze M.F.N. e Ingegneria, si laurea brillantemente rispettando i tempi. Paolo però non considera conclusa la propria formazione e decide di seguire, beneficiando di una borsa di studio, un master europeo di secondo livello dal titolo *Materials for micro and nanotechnologies* presso la Scuola Superiore IUSS di Pavia, che vanta un'ampia e qualificata attività nel campo dell'alta formazione e della ricerca.

Perché ha frequentato un master, un corso di perfezionamento scientifico? "... Volevo un'ulteriore occasione di arricchimento scientifico e culturale; un altro anno per approfondire, realizzare il quadro e la cornice ai miei cinque anni di studio".

Il master era articolato in sei mesi di attività didattica e sei mesi di stage presso un'azienda. Nel suo caso si tratta di una ditta tra Milano e Bergamo, la Flame Spray, un'azienda italiana che sviluppa rivestimenti e processi metallurgici, che gli offre un'occupazione stabile, rifiutata da Paolo per entrare in Ansaldo Energia S.p.A., dove si occupa dei rivestimenti speciali delle palette per le turbine a gas. Al momento è un *supplier interface,*

1. È una tecnica che permette di raccogliere informazioni sulle proprietà ottiche di un materiale ed è stata applicata con successo anche su moltissimi semiconduttori, eterostrutture e *quantum wells*. Esistono diverse possibili configurazioni per un ellissometro, distinguibili in base al tipo e alla disposizione delle componenti ottiche tra sorgente e rivelatore e al metodo di misura.

2. Il titanato di stronzio è un ossido a struttura perovskitica. Le perovskiti, cristalli opachi di forma cubica, costituiscono una classe di materiali di grande interesse poiché esibiscono un ampio spettro di proprietà fisiche, come superconduttività ad alta temperatura, ferroelettricità, ferromagnetismo, antiferromagnetismo e magnetoresistenza colossale. Esso è uno degli ossidi perovskitici maggiormente studiati per via delle sue proprietà dielettriche e per il suo impiego come substrato per la crescita di film sottili.

si interfaccia con i fornitori in qualità di specialista di *coating*, i rivestimenti sulle palette che garantiscono un'adeguata protezione dei componenti ed allungano la vita d'esercizio di una turbina a gas. L'attività della Ansaldo Energia S.p.A. è inserita nel settore industriale delle costruzioni di impianti per la produzione di energia elettrica e la fabbricazione di turbine a gas, turbine a vapore e generatori elettrici. Ha anche un settore Ricerca e Sviluppo impegnato nei campi dell'ingegneria dei materiali, energia, ingegneria elettrotecnica ed elettronica, tecnologie ambientali; si dedica inoltre alla produzione di manufatti innovativi sviluppati in base alle proprie ricerche e al miglioramento di quelli già esistenti.

Negli ultimi anni questa azienda ha sviluppato in collaborazione con la Siemens un nuovo modello di turbina a gas ad elevate prestazioni e basse emissioni di NOx. È inoltre attiva nella ricerca di nuove tecniche di progettazione di palette per turbine a vapore ad elevato rendimento.

Il lavoro di Paolo si inserisce nella catena dei fornitori, la *supplier chain*, i quali producono per la Ansaldo i vari pezzi e processi, come nel caso delle palette per turbine che devono essere colate, fuse, lavorate, forate, rivestite e montate. Per ogni fase occorrono delle persone che seguano solo un processo, ognuno dei quali è molto vasto; per realizzare una paletta a volte si impiegano anche sei mesi. Utilizzando una rappresentazione botanica una paletta può essere raffigurata come il petalo di acciaio di un fiore, un petalo molto costoso che può raggiungere anche il valore di 20.000 euro. Le palette, una volta messe a punto, vengono montate sui rotori delle turbine a gas per generare l'energia elettrica che verrà utilizzata da enti come l'Enel e altri fornitori di energia.

Quando l'Ansaldo ha ingaggiato Paolo aveva bisogno di una persona che si interfacciasse con i fornitori di *coating*, con le ditte specializzate che effettuano il rivestimento delle palette per turbine.

Perché secondo lei la scelta è caduta su uno scienziato dei materiali? "... Perché io ho una formazione multidisciplinare: parlo e mi intendo con il collega chimico, ingegnere, fisico, con il capo macchina dell'officina..." L'azienda ha tutta una serie di laboratori e impianti sperimentali ad alta tecnologia che operano al servizio di tutta la ditta, sono parte integrante della produzione e svolgono anche un'attività di ricerca e sviluppo dei prodotti. Paolo è grato al corso di laurea che ha seguito e che gli ha fornito gli strumenti adeguati per poter efficacemente dialogare con così tanti e diversi professionisti.

"... Sono soddisfatto perché la mia funzione è poliedrica e implica la capacità di risolvere tante questioni e situazioni. Il mio ruolo si concentra non solo sulla gestione del fornitore, mantenendo i contatti e curando il lato umano, ma anche sulla valutazione delle scelte più opportune da adottare. È un'occupazione che spazia dal ruolo manageriale a quello del tecnico, esperto di materiali, scienziato..."

Anche in azienda Paolo non trascura la formazione. Sta prendendo le varie certificazioni per la qualificazione del personale addetto ai controlli non distruttivi come stabilito dal Decreto Ministeriale del 14 gennaio 2008 (Nuove Norme Tecniche per le Costruzioni) che prevede che siano eseguite verifiche di sicurezza su strutture esistenti, prescrivendone l'obbligatorietà per le costruzioni che rientrano in determinate categorie e privilegiando i controlli di tipo non distruttivo in ottemperanza alla norma europea EN 473, in Italia UNI EN 473. I corsi di formazione certificati riguardano i metodi di controllo per l'interpretazione dell'esame radiografico, i liquidi penetranti, i magnetoscopici e gli ultrasuoni. Conclusa l'intervista Paolo ci esprime la propria gratitudine perché nel rammentare gli accadimenti degli ultimi anni della sua giovane vita, ha realizzato di aver consapevolmente costruito, parafrasando Alexander Lowen, un autore a lui molto caro, il senso del proprio Sé biologico, che prende forma e si sviluppa man mano che l'Io mentale si definisce.

Vincenzo Amendola

Università
Padova

Titolo di studio
Dottorato di ricerca

Istituto scolastico
Liceo scientifico

Azienda/Ente
Università degli Studi di Padova
Dipartimento di Scienze Chimiche
Ricerca

Data intervista
10 maggio 2010

L'impiego di oggetti con dimensioni piccole quanto una molecola, ossia l'uso delle nanotecnologie nella medicina e nella sanità: stiamo parlando di nanomedicina e di applicazioni nanomediche. Esse non sono più una prospettiva teorica giacché oltre quaranta prodotti sono già in uso.

"… Le mie ricerche sono attualmente focalizzate verso le nanoparticelle con proprietà magnetiche ed ottiche e verso le applicazioni della cosiddetta nanomedicina. Il prefisso 'nano' indica che si usano oggetti con dimensioni nanometriche per applicazioni mediche, le quali trovano applicazione in due fasi distinte: la diagnosi e la terapia delle malattie, principalmente nel ramo dell'oncologia, ovvero per l'analisi e la cura dei tumori. Ciò avviene perché le particelle con dimensioni nanometriche hanno delle proprietà ottiche ed in genere chimico-fisiche molto diverse da quelle dei materiali macroscopici. Esse consentono nuove opportunità per diagnosticare e curare i tumori in modo più rapido ed efficace…" Questa dichiarazione è connessa ad una delle più recenti attività di ricerca di Vincenzo, il quale ha studiato (ed investigato) le nanotecnologie ed i materiali nanostrutturati sia nella tesi di laurea in Scienza dei Materiali, sia in quella del dottorato di ricerca in Scienza e Ingegneria dei Materiali, titoli entrambi conseguiti presso l'Università di Padova.

Egli si laurea nel mese di giugno del 2004 dopo aver svolto la tesi *Sintesi per ablazione laser in soluzione e proprietà ottiche non lineari di nanoparticelle di oro funzionalizzate*, essendosi inserito in un gruppo di ricerca del Dipartimento di Chimica, attivo nella nanofotonica, e dopo aver lavorato per vari mesi nei suoi laboratori. Il progetto realizzato è collegato alle nanotecnologie, le quali interessano materiali che hanno dimensioni molto ridotte, dell'ordine di un miliardesimo di metro. In particolare Vincenzo si concentra sulla produzione di nanoparticelle di oro che hanno la caratteristica di cambiare colore quando sono di dimensioni nanometriche: la tipica colorazione gialla diventa

in genere rossa, ma anche blu o viola. "... La mia tesi si è sviluppata intorno a queste nanoparticelle: in che modo esse cambiano le proprietà ottiche in base alla loro dimensione e come possono essere utili per applicazioni, quali la produzione di energia tramite celle fotovoltaiche. È stata una ricerca di base per esplorare la possibilità di un loro futuro utilizzo..."

Una volta laureato ottiene una borsa di ricerca che sfrutta pochi mesi, giusto il tempo per vincere un posto nel dottorato e continuare lo studio e la caratterizzazione di nanoparticelle di metalli nobili per applicazioni di tipo fotonico, ovvero l'analisi dell'interazione di queste particelle con i fotoni, con la luce. "... Le possibili applicazioni per questo tipo di materiali si collocano sia nell'ambito dei processi di trasferimento di energia, ad esempio nel fotovoltaico e nel raccoglimento dell'energia solare per la sua trasformazione in energia elettrica, sia nel settore biomedico. Questo perché le nanoparticelle di metalli nobili, in particolare di oro, non presentano tossicità e possono essere adoperate negli organismi viventi, senza effetti collaterali..."

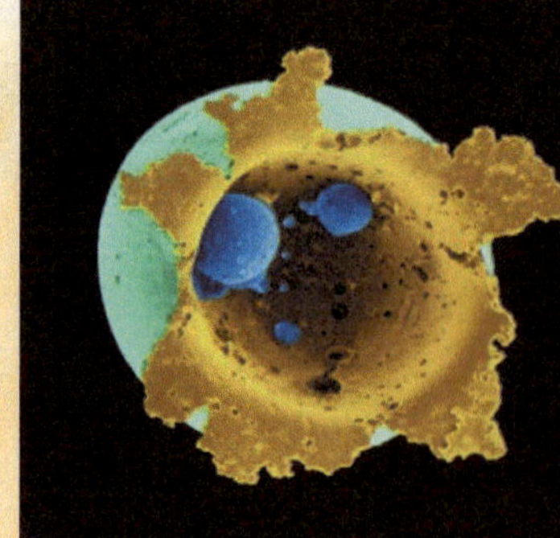

Modello di Drug Delivery.

Negli anni del dottorato Vincenzo dedica grande attenzione alla propria formazione: segue corsi specialistici anche con docenti di livello internazionale, partecipa ad una scuola CNR (Consiglio Nazionale delle Ricerche) per la microscopia elettronica in trasmissione, tecnica utilizzata per studiare nanostrutture e particelle con dimensioni nanometriche, e trascorre sei mesi al MIT (Massachusetts Institute of Technology) di Boston negli USA.

"... Ho passato sei mesi al MIT, da marzo a settembre del 2007, presso un gruppo di ricerca con lo scopo di acquisire non solo competenze tecniche per quanto riguarda la sintesi e la caratterizzazione delle nanoparticelle, ma anche per ottenere contatti internazionali per collaborazioni di ricerca. Il soggiorno è stato sovvenzionato dalla maggiorazione della borsa di studio del dottorato e dalla fondazione padovana Aldo Gini..."

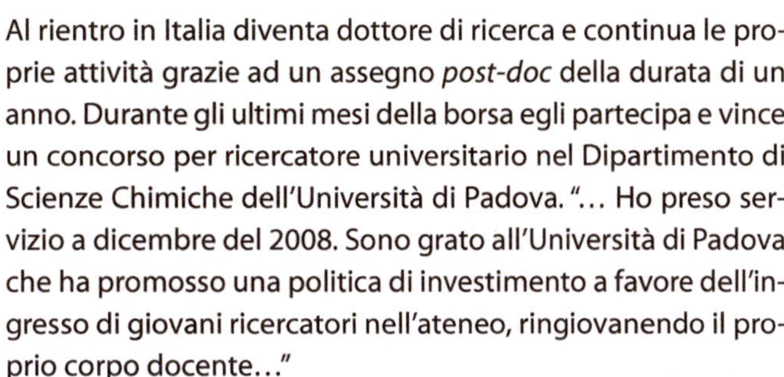

Al rientro in Italia diventa dottore di ricerca e continua le proprie attività grazie ad un assegno *post-doc* della durata di un anno. Durante gli ultimi mesi della borsa egli partecipa e vince un concorso per ricercatore universitario nel Dipartimento di Scienze Chimiche dell'Università di Padova. "... Ho preso servizio a dicembre del 2008. Sono grato all'Università di Padova che ha promosso una politica di investimento a favore dell'ingresso di giovani ricercatori nell'ateneo, ringiovanendo il proprio corpo docente..."

Ma riprendiamo l'incipit di questa storia: alcune ricerche di Vincenzo sono orientate nel settore della nanomedicina, un'area di ricerca ancora relativamente nuova. L'Unione Europea è scesa in campo per il sostegno di iniziative comunitarie mirate allo sviluppo dell'uso delle nanotecnologie biomediche e delle relative ricerche. Il 2 giugno 2010 si è tenuta a Bruxelles, nella sede del Parlamento Europeo, una conferenza per confrontare i vari punti di vista sullo stato attuale della nanomedicina in Europa e sulle questioni fondamentali che ne determineranno il futuro. Nel 2009 tre progetti della Commissione Europea hanno raccolto informazioni e consigli sugli aspetti sociali, economici, etici e normativi della nanomedicina da oltre cento esperti provenienti dall'accademia, industria, associazioni dei malati e dalle *Authorities* di riferimento di tutta Europa. La finalità sembrerebbe essere quella di non perdere delle occasioni per la ricerca europea e il suo sviluppo, per l'assistenza sanitaria e soprattutto per i pazienti. L'intento è quello di velocizzare la sperimentazione attiva di cure nanotecnologiche e di nuove terapie contro il cancro, le patologie cardiovascolari ed anche l'AIDS.

Vincenzo conferma l'utilità di questo tipo di ricerca: "... possono essere utilizzati fasci laser o campi magnetici che hanno una maggiore selettività ed un impatto molto più basso sui pazienti. Questo tipo di pratica viene già adottata, ma l'applicazione clinica è ristretta ad alcune sperimentazioni e a malati in

nm

fase terminale…" Le cellule tumorali possono essere colpite con precisione nanoscopica, evitando tutte le complicazioni legate alle terapie tradizionali, come la radioterapia e la chemioterapia.

"… Mi relaziono con colleghi ricercatori medici, biologici e farmacologi. Il vero limite della situazione è la mancanza di fondi, servirebbero adeguati finanziamenti per far nascere nuove ed interessanti possibilità…"

Antonio Gabbia

Università
Cagliari

Titolo di studio
Laurea

Istituto scolastico
Liceo scientifico

Azienda/Ente
SARAS S.p.A.
(Sarroch, Cagliari)
Raffinazione del petrolio

Data intervista
11 dicembre 2009

Il mare è un elemento irrinunciabile nella vita di Antonio: i fondali cristallini, le immersioni subacquee, le spiagge di sabbia finissima e di ciottoli, gli scogli e la roccia, il forte vento marino. "... Sono nato a Sant'Antioco, isola nell'isola, un paradiso al centro del Mediterraneo. Quando nel passato, in cerca di un'occupazione, ho pensato di lasciare la Sardegna questo legame arcaico mi ha trattenuto..." Il racconto di Antonio è caldo ed appassionato, i suoni vocali armoniosamente ritmati dall'inconfondibile musicalità della lingua sarda.
Fra qualche mese compirà quarant'anni, è un uomo professionalmente gratificato, non ha dovuto rinunciare alla sua isola natale, ha speso tutta la carriera nella SARAS S.p.A., colosso italiano nel settore della raffinazione del petrolio, nel sito produttivo di Sarroch, in prossimità della costa occidentale del Golfo degli Angeli a circa 25 km da Cagliari. La raffineria di Sarroch è una delle più grandi d'Europa, da sola rappresenta circa il 15% dell'attività di raffinazione italiana ed è, con l'indotto ad essa associata, un basilare punto di riferimento nel panorama economico ed occupazionale della Sardegna.
In questa biografia le date sono importanti per la comprensione della storia umana e professionale del protagonista che, terminato il liceo, dopo qualche anno di disorientamento, sceglie il mondo dei materiali iscrivendosi al diploma universitario triennale in Scienze dei Materiali e conseguendo il titolo nel luglio del 1998 presso l'Università degli Studi di Cagliari.
La chimica e la fisica lo hanno sempre intrigato e la scelta di un percorso che privilegia l'acquisizione di competenze utili ad un immediato ingresso nel mondo del lavoro, si rivela buona, soddisfacendo le sue aspettative. Svolge il tirocinio legato al lavoro di tesi del diploma universitario presso la SARAS S.p.A. per quattro mesi, e nell'esistenza di Antonio lo stage rappresenta una concreta possibilità di avviamento occupazionale. Infatti due mesi dopo, nel settembre del 1998, Antonio firma un contratto di formazione della durata di due

anni che si trasformerà, alla sua naturale scadenza, in uno a tempo indeterminato.

Il lavoro di progettazione della tesi svolto nella SARAS durante il tirocinio si è convertito, attraverso un successivo percorso di formazione e di esperienza sul campo, nella sua attuale professione legata alle attività di ispezione di un impianto petrolifero. Antonio è introdotto in una squadra operativa, guidata da un ingegnere capo, vive a stretto contatto con essa e da questa esperienza trae gli elementi per elaborare una tesi molto applicativa e specifica.

Spiega la specificità della tesi ricorrendo ad una metafora automobilistica della quale fa uso durante il corso di addestramento che tiene in azienda per i neoassunti: "... così come le nostre automobili hanno bisogno dopo l'esercizio nel tempo di un tagliando di controllo, una fermata dal meccanico che compie tutta una serie di azioni manutentive per consentire la marcia del mezzo nel tempo, anche gli impianti di una raffineria necessitano di fermate programmate per la loro manutenzione dove dei tecnici esperti – la squadra operativa delle ispezioni di cui faccio parte – verificano nel dettaglio lo stato di danneggiamento delle varie apparecchiature per poi decidere le strategie d'intervento per il loro efficace funzionamento..."

Antonio entra alla SARAS con il diploma di laurea. Dopo quattro anni, mentre presta la propria opera negli impianti della raffineria, si iscrive al corso di laurea in Scienza dei Materiali dell'Università di Cagliari: la maggior parte degli esami gli vengono riconosciuti, ne sostiene qualcun altro, affronta un nuovo progetto di tesi e consegue nel 2003 la laurea triennale. Nel corso degli undici anni spesi nella società petrolifera la sua crescita professionale prosegue e diventa un ispettore d'impianto, ossia il tecnico di elevata professionalità addetto alla risoluzione di tutte le problematiche di base ed avanzate inerenti l'ispezione, la manutenzione ed il mantenimento in sicurezza

di apparecchiature e linee di tubazioni facenti parte di impianti per la lavorazione di prodotti petroliferi. Egli deve altresì conoscere il ciclo produttivo, gli apparati connessi e le loro caratteristiche, quali la temperatura e la pressione, i materiali di cui sono costituiti ed i relativi meccanismi di danneggiamento tipici, come usura e corrosione, da tenere in conto nella fase di ispezione e manutenzione ordinaria.

Antonio affronta pertanto nella propria attività le problematiche di programmazione di un'ispezione di impianto, anche con riferimento ai danni attesi ed alle tecniche di indagine necessarie ad individuarli; gestisce i problemi di sicurezza e gli obblighi normativi legati alla manutenzione di apparecchi in pressione atti a contenere prodotti petroliferi. È un lavoro qualificato e specializzato, molto complesso, delicato e di grande responsabilità: per tutti questi motivi egli ha trascorso sei anni di affiancamento ad un ispettore senior.

"… L'ispettore, sotto la supervisione del proprio responsabile, decide la strategia di intervento da adottare su apparecchiature importanti come una colonna di raffinazione[1] o una colonna di frazionamento secondaria.[2] È occorso del tempo per divenire indipendente. Adesso lo sono e da diversi anni mi sono stati assegnati degli impianti di raffineria che gestisco in modo autonomo per ciò che concerne l'aspetto ispettivo…"

L'autonomia è stata raggiunta grazie ad un attento processo di formazione vissuto fuori e dentro l'azienda. Per prima cosa ha

1. La colonna di raffinazione è una struttura utilizzata per separare i vari componenti del petrolio e ottenere così un diverso numero di derivati. È una torre d'acciaio alta circa 80 m. All'interno ci sono tanti piani costituiti da grandi piatti d'acciaio, ognuno dei quali è mantenuto a una temperatura specifica, sempre più bassa man mano che si sale in altezza. Dopo che il greggio è stato riscaldato, viene pompato nella torre dove i vari piani lasciano passare i vapori in salita, ma non discendere i liquidi in condensazione. I vapori salgono verso l'alto, si separano, si condensano e vengono raccolti in tubature laterali. In questa maniera si ottengono benzina, cherosene, nafta, oli ed altri derivati.

2. La colonna di frazionamento è un'apparecchiatura largamente utilizzata nell'industria chimica e petrolchimica per la separazione di miscele formate da due o più sostanze sfruttando la differenza tra le relative temperature di ebollizione.

seguito un corso per ispettori di impianto, il ruolo al quale era destinato; successivamente un impegnativo corso di specializzazione sulle saldature, operazioni fondamentali per la manutenzione degli impianti che sono costituiti principalmente da metalli, tenuto a Genova presso l'Istituto Italiano della Saldatura e in parte a Cagliari; vari corsi di *failure analysis* per la determinazione delle cause di rottura dei vari componenti; tantissimi corsi sulla sicurezza che "… insieme all'ambiente la SARAS considera temi di primaria importanza. Non a caso l'azienda ha adottato la frase 'La sicurezza è la nostra energia' a rappresentare l'impegno del gruppo in questo ambito…"

Antonio ama moltissimo il proprio lavoro che purtroppo gli lascia pochissimo tempo per una eventuale ripresa degli studi universitari attraverso la laurea specialistica, alla quale spesso pensa soprattutto quando partecipa a qualche simposio sui materiali organizzato dall'Università di Cagliari.

"… Il grande problema è il tempo. Adesso che sono responsabile delle ispezioni di alcuni impianti, il tempo a disposizione è sempre meno. In alcuni periodi dell'anno i ritmi di lavoro sono pesanti…"

Racconta che l'inizio è stato abbastanza difficile: la realtà di una raffineria è dura perché lavorare in un impianto petrolifero è faticoso, richiede impegno e grande concentrazione, si sente il peso delle responsabilità soprattutto quando le macchine sono ferme per la manutenzione e la pressione dei capi è alta.

"… L'inserimento non è stato facile. Più volte mi sono chiesto se quella dovesse essere la professione della mia vita. Dopo undici anni ho compreso che ciò che vedevo all'inizio non era che un piccolo tassello del mosaico che ho ricomposto nel corso degli anni con costanza, calma e precisione…"

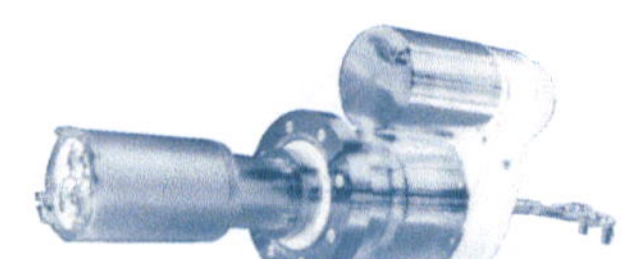

Paolo Cazziol

Università
Venezia

Titolo di studio
Laurea

Istituto scolastico
Istituto tecnico
per perito meccanico

Azienda/Ente
Plastal S.p.A.
(Oderzo, Treviso)
Componentistica in plastica

Data intervista
23 febbraio 2010

Il rame è molto probabilmente il metallo più antico in termini di impiego da parte dell'uomo: nei territori dell'Iraq sono stati ritrovati oggetti in rame datati 8700 a.C. Esso è facilmente lavorabile in quanto estremamente duttile, malleabile e molto resistente alla corrosione e si combina con altri metalli generando utilissime leghe. "... Ecco perché il rame è il mio elemento, mi assomiglia: sono un individuo flessibile con uno spiccato spirito di adattamento, rifuggo i processi di disgregazione e mi 'combino bene' con i colleghi che svolgono delle attività aziendali aggiuntive alle mie, definendo un insieme che ben funziona. Inoltre lo maneggio tutti i giorni nella galvanica, il processo elettrolitico con il quale tratto alcuni particolari metalli: rame e nichel per accrescere la resistenza alla corrosione, e cromo per aumentare la lucentezza..."

Con questa inusuale modalità presentiamo Paolo, uno scienziato dei materiali esperto del processo galvanico,[1] dipendente da sette anni della Plastal S.p.A., un'industria operativa nel settore della componentistica in plastica per mezzi di trasporto e nella fornitura di componenti di elevata tecnologia per i maggiori marchi del settore automobilistico.

Prima di giungere nello stabilimento di Oderzo, in provincia di Treviso, il nostro amico frequenta il corso di laurea in Scienza dei Materiali dell'Università di Venezia, dove si laurea dopo aver trascorso sei mesi di stage, per la compilazione della tesi, nella multinazionale OSRAM del gruppo industriale Siemens. La società OSRAM è un colosso nella produzione di LED, lampade per abitazione, autoveicoli, *high-tech* ed elettronica per l'alimentazione e il controllo di sistemi di illuminazione: tutti prodotti che realizza a livello mondiale in 49 stabilimenti situati in 19 diversi paesi.

1. La galvanica è un processo mediante il quale vengono depositati elettroliticamente dei metalli su substrati adeguatamente preparati (es. zincatura, nichelatura, cromatura, ossidazione e doratura).

"... L'azienda aveva il seguente problema: nella zona di Bangkok le bobine inserite nelle lampade ad incandescenza tendevano a cortocircuitare. Facendo varie analisi al microscopio elettronico abbiamo scoperto la ragione del difetto: una combinazione di concause tra cui un flussante troppo aggressivo, che danneggiava le resistenze della bobina, e le condizioni ambientali di umidità molto elevata. Infatti il problema di questi circuiti veniva riscontrato quasi esclusivamente nelle lampade adoperate in ambienti di mare o comunque molto umidi. In qualità di stagista l'università mi autorizzava all'uso del microscopio elettronico e di altre apparecchiature scientifiche indispensabili per affrontare la questione. Avevo anche un tutor aziendale, un ingegnere elettronico responsabile della ricerca che ha avuto dei risultati risolutivi: il flussante è stato sostituito con un altro meno aggressivo, il quale ha ridotto lo scarto iniziale..."

A marzo del 2003 si laurea continuando parallelamente un intenso studio della lingua inglese. Qualche mese dopo è contattato dalla Plastal, che dopo una serie di interviste gli propone un contratto di avviamento al lavoro della durata di due anni, il quale si tramuterà in una vera e propria assunzione. La Plastal S.p.A. progetta e costruisce particolari in materiale plastico, per interni ed esterni e per case automobilistiche come Audi, Mercedes, BMW, Volkswagen, Fiat, Iveco, Daimler, Land Rover, Ford, Volvo e Bentley.

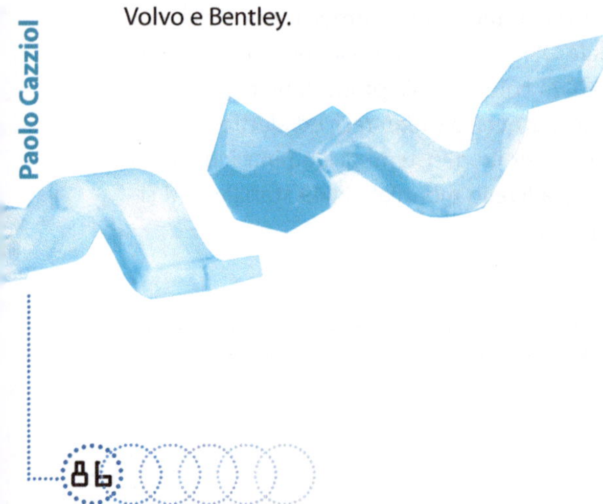

Da principio Paolo viene inserito nel laboratorio tecnologico del settore Ricerca e Sviluppo ed impara ad usare con perizia tutte le attrezzature tecniche presenti in esso, concentrandosi in particolar modo sulle attività di analisi applicate alla plastica. Durante il terzo anno di lavoro comincia a seguire i prodotti rivestiti con la galvanica, quelli cromati: inizialmente solo la fase di test, successivamente tutto lo sviluppo del prodotto galvanico dall'origine alla messa in produzione. La galvanica è divenuta un procedimento di primaria importanza, che consente di maneggiare una varietà infinita di substrati conferendo loro le proprietà specifiche del metallo depositato. Grazie a questo processo elettrochimico è possibile rivestire un oggetto plastico con un metallo più pregiato, quali argento, oro, bronzo bianco, ottone, rame, cromo e nichel. Anche quando l'elettrodeposizione ha uno scopo decorativo, che conferisce all'oggetto delle caratteristiche estetiche rendendolo un elemento artistico e di design, l'intervento esercita comunque una protezione contro gli agenti esterni.
"... Dal 2007 ad oggi seguo tutto il processo del componente metallizzato, coordinando i tempi e i metodi del lavoro con le varie interfacce che abbiamo nel settore galvanico (quattro fornitori del nord Italia), e con i clienti. Inoltre supporto l'attività dei cromatori in fase di sviluppo e saltuariamente faccio degli *audit*[2] per il controllo dei fornitori di prodotti galvanici. Alla fine del processo omologo l'oggetto finito..."
Paolo si interfaccia anche con i colleghi responsabili di altre funzioni aziendali, ad esempio la qualità, e di varie unità produttive, come lo stampaggio, la verniciatura e l'assiemaggio.[3] Gli capita anche di collaborare con i laboratori esterni: il comparto Ricerca e Sviluppo è molto attivo e spesso si promuo-

2. Un *audit* è un'attività di valutazione e controllo, tesa a misurare la conformità di determinati processi, strutture o procedure, per la determinazione delle caratteristiche richieste e la verifica dell'applicazione.
3. Assemblaggio.

vono iniziative in comune con università, enti di ricerca ed imprese.

L'azienda ha dedicato attenzione alla sua formazione: egli ha seguito diversi corsi interni ed esterni su stampaggio, verniciatura e galvanica. "… Nel 2005 ho trascorso tre settimane a Bled, in Slovenia, dove ho seguito un ciclo di lezioni presso la IEDC-Bled School of Management. È un centro di formazione internazionale rivolto alla preparazione di giovani e promettenti manager per sviluppare in essi standard professionali ed etici. Ho seguito corsi di *leadership*, di tecniche di lavoro di gruppo, di cooperazione gestionale e di comunicazione aziendale. Quest'ultimo mi è stato particolarmente utile negli incontri diretti alla presentazione dei nostri prodotti ai clienti, in genere molto esigenti…"

L'aria che si respira alla Plastal ha un carattere internazionale: era europeo il gruppo iniziale di proprietà (Svezia, Spagna, Germania ed Italia), mentre le case automobilistiche fruitrici dei suoi servizi sono principalmente estere. Recentemente il gruppo è stato rilevato dalla società Prima S.p.A. di Torrice (Frosinone), la quale, attiva nel settore *automotive* e in quello della componentistica in plastica per motocicli ed elettrodomestici, ha otto stabilimenti in Italia e tre all'estero.

"… Dopo il fallimento della sede svedese della Plastal, iniziammo a lavorare come Plastal Italia. Da aprile a novembre 2009 siamo stati posti in cassa integrazione un giorno a settimana. Dopo quel preoccupante periodo non è stato più necessario: gli ordini hanno ripreso a salire e di conseguenza anche il livello occupazionale. Per di più l'entrata in scena del gruppo Prima deve essere considerata come un rafforzamento delle attività commerciali e tecnologiche, data la complementarietà esistente tra le due aziende. Mi trovavo bene prima, sono a mio agio oggi…"

Francesco Toschi

Università
Tor Vergata, Roma

Titolo di studio
Dottorato di ricerca

Istituto scolastico
Liceo scientifico

Azienda/Ente
Università degli Studi
di Roma Tor Vergata
Dipartimento di Scienze
e Tecnologie Chimiche
Ricerca

Data intervista
13 ottobre 2009

Francesco ha percorso l'itinerario classico dello studente che decide di fare della ricerca il proprio futuro. Nel 1999 si iscrive alla laurea di primo livello, prosegue con la specialistica, vince un dottorato di ricerca ed attualmente lavora presso il Dipartimento di Scienze e Tecnologie Chimiche, dell'Università degli Studi di Roma Tor Vergata, essendosi aggiudicato una borsa di studio post-doc.

Racconta che il desiderio di diventare uno scienziato dei materiali si è perlopiù sviluppato durante gli anni della laurea specialistica: è in questo periodo che Francesco per la prima volta gode pienamente del sapere e dell'esperienza acquisiti che gli consentono di muoversi con competenza e perizia in un laboratorio di ricerca, di confrontarsi con i colleghi e i ricercatori, di sentirsi parte di un disegno comune, di una squadra che avanza in una direzione unica.

Ma procediamo con ordine: finito il liceo decide di iscriversi al corso di laurea in Scienza dei Materiali consultando la "Guida dello studente" della facoltà di Scienze Matematiche Fisiche e Naturali dell'Università degli Studi di Roma Tor Vergata.

Conseguita la laurea di primo livello, continua il proprio percorso formativo con la specialistica.

Egli vive l'esperienza del tirocinio per quattro mesi, presso la Selex Sistemi Integrati S.p.A. (già Alenia Marconi Systems) dove muove i primi passi nel mondo della Ricerca e Sviluppo, in quanto questa società di Finmeccanica destina circa il 20% del valore della produzione a questo genere di attività.

L'esperienza in questa grande azienda e nei suoi laboratori rafforza il suo orientamento a continuare gli studi e l'attività di ricerca che porterà avanti con il dottorato di ricerca in Scienze Chimiche.

Negli anni del dottorato Francesco si inserisce in un gruppo di ricerca del Dipartimento di Scienze e Tecnologie Chimiche ed inizia ad occuparsi di nanotecnologie, tecniche in grado di manipolare la materia su scala nanometrica.[1]

Finito il dottorato vince una borsa di studio destinata ai dottori di ricerca per proseguire il proprio programma di lavoro. Ci dice con soddisfazione che si tratta di un bel lavoro, molto stimolante dal punto di vista intellettuale: ci sono sempre nuove sfide da affrontare con meticolosa attenzione, tutti insieme, con il proprio gruppo di ricerca.

Alla domanda *Qual è la sfida di questo momento?* risponde che uno degli argomenti di cui si sta occupando è lo sviluppo di sensori gas altamente tossici che utilizzano nanotubi di carbonio come materiale attivo. Il loro è un laboratorio di materiali: sviluppano materiali nanostrutturati, ognuno dei quali ha delle specifiche proprietà in funzione del tipo di trattamento chimico o fisico al quale è sottoposto. "… Nel nostro laboratorio (MINAS lab.) realizziamo il materiale nanostrutturato specifico, studiamo le sue proprietà chimico-fisiche e analizziamo come queste si manifestano quando il materiale è impiegato per la produzione di un dispositivo funzionante. Un esempio di dispositivo finito è il sensore di gas a base di nanotubi di carbonio…"

È una ricerca di frontiera anche se i nanotubi di carbonio nella vita di tutti i giorni stanno diventando realtà. Per i nanotubi si prospettano applicazioni di ogni tipo: dalla ricerca di base alla neurochirurgia, dall'elettronica ai laser. Questi cilindretti di carbonio, di dimensioni piccolissime (diecimila volte più sottili di un capello), potrebbero diventare i veri e propri materiali del futuro. La loro struttura è simile a quella di un piano di grafite avvolto su se stesso ma hanno delle proprietà fisiche e meccaniche molto più interessanti, come la resistenza al calore e alla compressione, inoltre sono facilmente manipolabili.

Al momento qualche applicazione con ricaduta nella vita reale c'è stata: alla Samsung usano oggi i nanotubi come compo-

1. Un nanometro è pari a 1 miliardesimo di metro ed è cinque-dieci volte superiore alle dimensioni di un atomo.

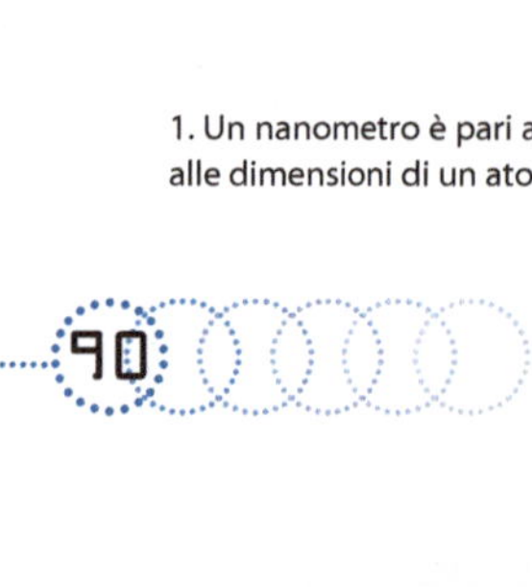

nente dei pannelli a cristalli liquidi degli schermi di televisioni e computer. Con questa tecnologia il colosso orientale ha migliorato le prestazioni degli schermi LCD rendendo più bassi i costi degli apparecchi televisivi.

Oltre all'applicazione elettronica i nanotubi sono stati utilizzati per il rinforzo meccanico nella produzione di biciclette, racchette da tennis ed imbarcazioni. Il ciclista americano Lance Armstrong (vincitore di ben sette Tour de France) usa biciclette al carbonio che sono gioielli di nanotecnologia. Sono più leggere, resistenti e in grado di assorbire le vibrazioni. In alcune barche della competizione Coppa America sono stati utilizzati i nanotubi di carbonio i quali colpiti dai raggi solari si riscaldano e rilasciano nell'acqua energia termica facendone diminuire così la tensione superficiale.

A questo punto si comprende che cosa significhi l'affermazione "... è una sfida continua...": è la continua ricerca di nuovi approcci e soluzioni non convenzionali che potrebbero avere delle ricadute interessanti sulla qualità della nostra vita.

Francesco con Sumio Iijima, il ricercatore giapponese scopritore dei nanotubi di carbonio.

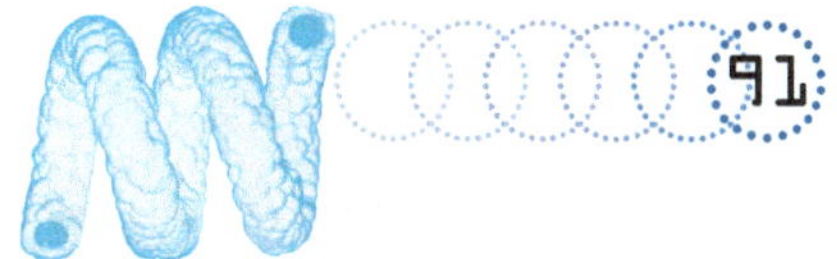

Mauro Povia

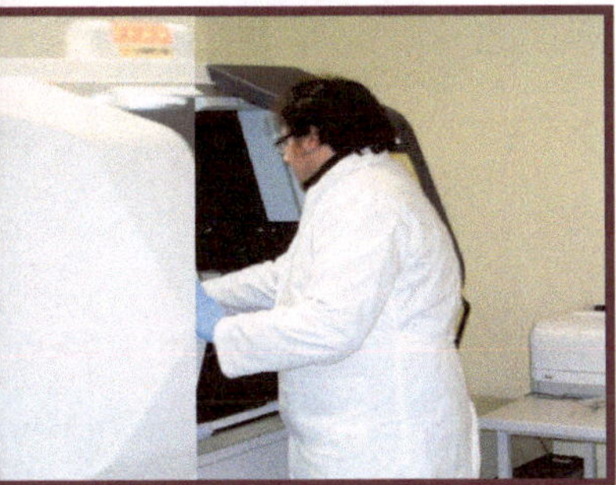

Università
Bari

Titolo di studio
Laurea

Istituto scolastico
Liceo scientifico

Azienda/Ente
IIT - Istituto Italiano di Tecnologia (Genova)
Ricerca

Data intervista
15 dicembre 2009

Lo studio della diffrazione dei raggi X (tecnica che consente l'analisi della struttura della materia, organica o inorganica, in forma cristallina rivelandone l'architettura a livello atomico) e la cristallografia hanno cambiato la vita di Mauro: sono state il *passepartout* per aprire la porta d'ingresso al mondo del lavoro in un centro di eccellenza della ricerca italiana, l'IIT (Istituto Italiano di Tecnologia) con sede a Genova, dove egli inizia la propria attività il 16 giugno del 2009, un mese e mezzo dopo la laurea triennale in Scienza dei Materiali conseguita presso l'Università degli Studi di Bari. Mauro trascorre uno stage di circa otto mesi presso l'Istituto di Cristallografia del CNR, a Bari, per la preparazione del progetto di tesi, dal titolo *Diffrattometria da polveri e analisi qualitativa in termini di fase chimica.*
"... Ho utilizzato un diffrattometro per polveri, progettato secondo la geometria di Debye-Scherrer, per analizzare diversi campioni di materiali policristallini ossia polveri costituiti da un gran numero di cristalliti delle dimensioni del micron al fine di individuarne la fase chimica..." La diffrazione dei raggi X studia e misura gli effetti d'interazione tra un fascio di tali raggi e la materia cristallina; la cristallografia permette dall'analisi dei dati di diffrazione dei raggi X la definizione della struttura, ossia del modo in cui gli atomi sono interconnessi tra loro.
La diffrazione dei raggi X è una tecnica non distruttiva ormai consolidata nel settore della chimica dello stato solido, ma trova applicazione anche in altri ambiti, come quello biologico (cristallografia di proteine), farmaceutico (analisi di medicinali, farmaci, droghe), industriale (tessuti, fibre), edile (materiali per costruzioni), artistico e archeologico (restauro, conservazione, datazione e corrosione delle opere) e forense (capelli, peli).
"... Lo strumento che ho usato è il *Powder Diffraction File*, un database che supporta l'analisi dei dati da diffrazione di polveri. In questo archivio elettronico sono contenute informazioni cristallografiche per più di 300.000 fasi inorganiche ed organiche..." Il suo utilizzo permette l'analisi qualitativa del-

l'identificazione di fasi presenti nei materiali; più fasi nuove vengono identificate attraverso scrupolose metodologie cristallografiche, maggiori sono le possibilità di riconoscere tali fasi nei campioni in esame. L'elenco delle applicazioni è enorme: sostanze farmaceutiche, materie biologiche, chimiche, semiconduttori, conduttori ionici e superconduttori.

La ricerca portata avanti nel periodo dello stage ha fornito a Mauro le competenze da egli quotidianamente impiegate presso l'IIT in qualità di responsabile del laboratorio di diffrazione dei raggi X, dove approda seguendo il suggerimento di un tutor: contatta il direttore della *facility* di nanochimica dell'IIT costituita da un laboratorio di chimica e biologia per la sintesi e l'utilizzo di vari nanomateriali, e da un laboratorio di microscopia elettronica, entrambi in fase di allestimento. Mauro segue il suggerimento e prima del Natale del 2008 va a Lecce per sostenere il colloquio poiché il suo futuro direttore era un ricercatore del National Nanotechnology Laboratory. L'incontro produce un buon risultato e ancor prima di laurearsi ha la tranquillità di poter a breve firmare un contratto di prova con rinnovo annuale. Subito dopo la laurea si trasferisce a Genova ed inizia a lavorare per il prestigioso centro di ricerca sorto con lo scopo di promuovere lo sviluppo e l'alta formazione tecnologica, divenire un punto di riferimento internazionale per la ricerca scientifica ad alto contenuto tecnologico, attirare ricercatori e scienziati di valore da tutto il mondo e trasformare "la fuga dei cervelli" nel "furto di cervelli". Le attività di ricerca trattate all'IIT sono relative ai settori delle nanotecnologie, della robotica, dello sviluppo dei farmaci e delle neuroscienze.

"… Ho passato i primi due mesi aiutando i colleghi nelle operazioni di allestimento dei laboratori di chimica e di biologia. A fine luglio è arrivato il diffrattometro, acquistato da una ditta giapponese: abbiamo impiegato un mese per l'installazione e il collaudo. Da settembre è funzionante, sono l'unico ad usarlo, è la mia principale mansione: faccio manutenzione, misure,

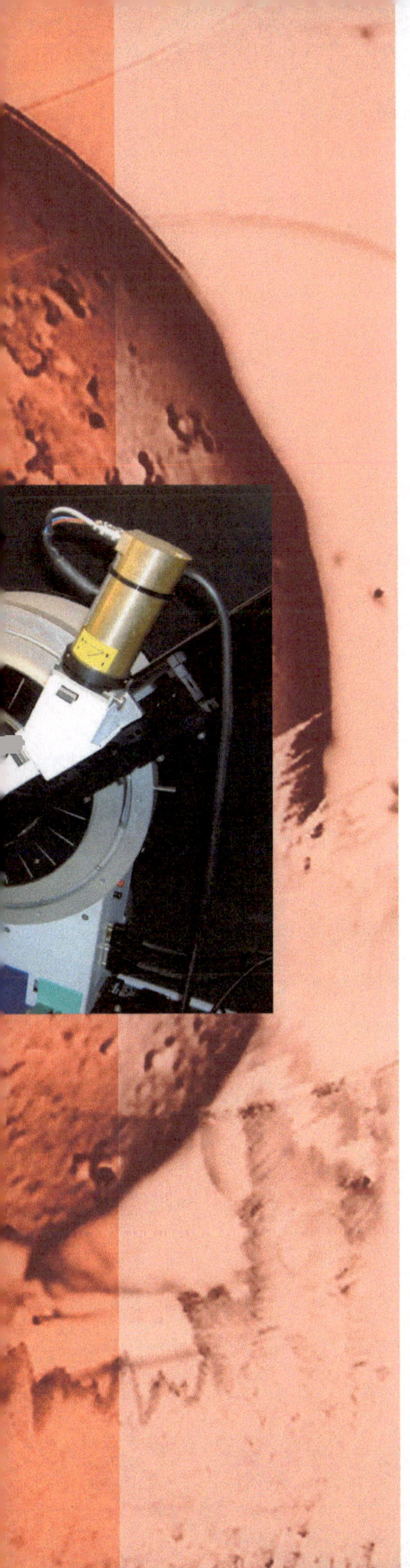

analisi dei dati..." Racconta che il diffrattometro di cui ora è responsabile è fabbricato da una ditta giapponese che ha venduto 108 macchine simili alla polizia scientifica del Giappone. L'applicazione della diffrazione da polveri nella scienza forense comincia ad essere diffusa in quanto la tecnica impiegata è rapida (tipico spettro in circa un'ora), è conservativa (il campione non viene distrutto) ed è accurata (in genere l'errore nel riconoscimento di fase è basso). Un ulteriore vantaggio risiede nella versatilità della metodologia che consente analisi di materiali organici, biologici, inorganici, metalli ecc., anche in piccola quantità. "... Le polveri possono essere analizzate e identificate in maniera non invasiva, mantenendole del tutto integre, senza essere distrutte e neppure danneggiate. Altre analisi, come la spettroscopia di massa, implicano la disintegrazione del campione per effettuare l'analisi. Se il campione fosse una prova giudiziaria, sarebbe evidente che esso non può essere eliminato. Questa tecnica inoltre permette di eseguire su di esso altre analisi senza alcun problema..."
La diffrazione a polveri può essere condotta per controlli sull'edilizia, come l'analisi della qualità e quantità di cemento, l'adeguatezza dei materiali utilizzati per la fabbricazione di strutture abitative ed edifici: in Giappone questo già avviene. All'IIT Mauro è un tecnico della *facility* di nanochimica ed utilizza il diffrattometro esclusivamente per l'analisi su polveri di nanocristalli sintetizzati dal gruppo che svolge un'attività di ricerca principalmente di carattere applicativo. "... Ho imparato ad usare questo diffrattometro da solo, con il manuale alla mano e tanta pazienza. Ho trovato anche il tempo per iscrivermi al corso in Scienza e Ingegneria dei Materiali, una laurea specialistica Interfacoltà dell'Università di Genova, una gradevole città sul mare come Trani, dove sono nato. Il mare è comunque ormai lontano, qui è come vivere in montagna: l'istituto è situato sulle colline di Bolzaneto, a Morego. Dalle sue finestre si gode di un'ampia vista su tutta la valle: torrente, cigni, oche..."

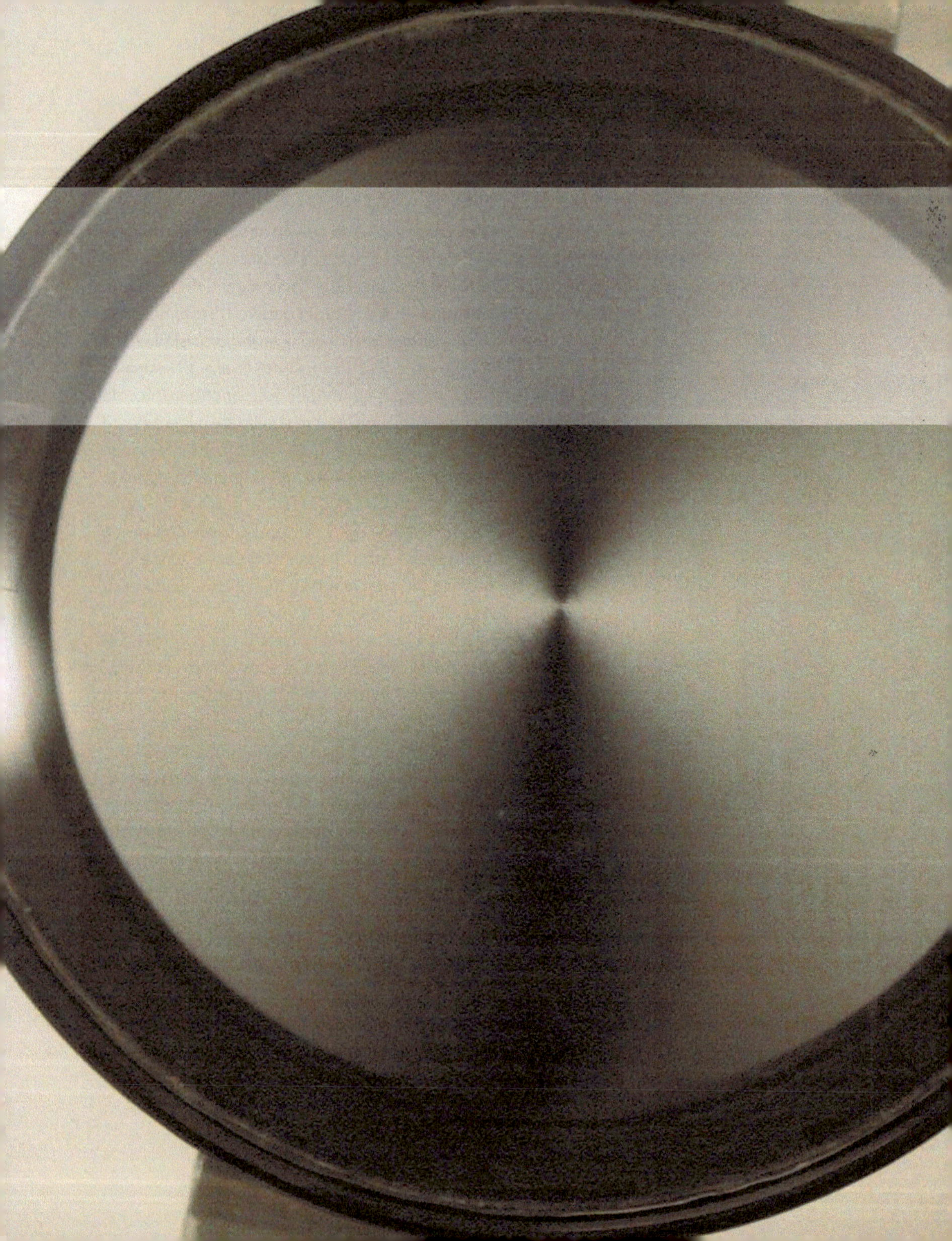

Alfredo Pane

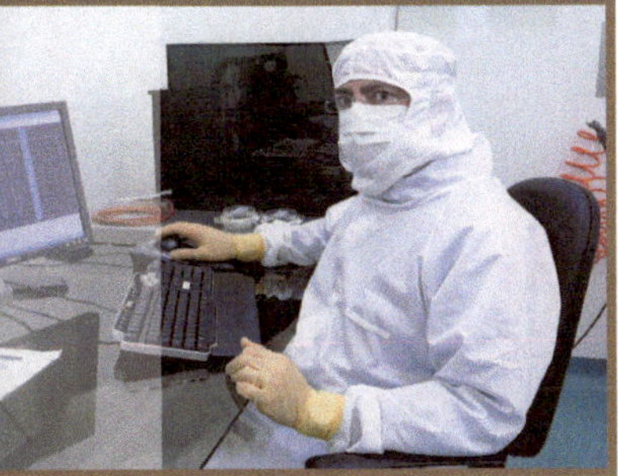

Università
Calabria

Titolo di studio
Laurea

Istituto scolastico
Liceo scientifico

Azienda/Ente
CNR - Consiglio Nazionale delle Ricerche (Arcavacata, Cosenza)
Ricerca

Data intervista
22 febbraio 2010

Una cella circolare a LC.

Dalla "camera oscura" alla "camera pulita" (*clean room* in inglese): le conoscenze acquisite nell'Università della Calabria e la passione giovanile per la fotografia e lo sviluppo, che secondo Alfredo presenta delle analogie con alcuni procedimenti attuati nella *clean room*, consentono al nostro protagonista di svolgere efficacemente i propri incarichi professionali.
Egli è un tecnico del CNR (Consiglio Nazionale delle Ricerche), che nella pratica dei fatti lavora presso il Dipartimento di Fisica della suddetta università calabrese, ad Arcavacata (Cosenza), curando gli aspetti tecnici e gestionali della *clean room* presente nel LiCryL (Liquid Crystal Laboratory).
Alfredo ha l'opportunità di vedere per la prima volta una camera pulita nell'azienda Tecdis S.p.A. di Aosta, dove spende circa sei mesi nello stage propedeutico allo svolgimento del lavoro di tesi al fine di conseguire il diploma universitario in Scienza dei Materiali, che convertirà nella laurea triennale in un momento successivo.
"... L'azienda era attiva nella produzione di display a cristalli liquidi e della relativa componentistica elettronica. L'esperienza è stata sicuramente positiva, ho avuto modo di vedere da vicino le tecniche di produzione industriale per realizzare oggetti analoghi a quelli prodotti in laboratorio; ciò è stato fondamentale per la mia attività futura. Adesso sono il responsabile tecnico di una *clean room* e quello stage mi ha permesso di capire a fondo le problematiche di questo tipo di ambiente e come gestirle. Inoltre ho avuto modo di apprendere alcune tecniche per le analisi di altissima precisione e di cogliere le differenze di approccio tra l'industria ed il mondo della ricerca..."
Terminato il tirocinio, torna in Calabria e conclude il percorso universitario, ma dovrà aspettare qualche anno prima che si concretizzino le condizioni per un suo inserimento attivo nei laboratori universitari. Ciò avviene in seguito alla costituzione di alcuni gruppi di ricerca nell'Università della Calabria, le cui

attività sono finalizzate allo studio della materia molle con particolare attenzione ai materiali liquido cristallini. In questo ambito si sviluppa una ricerca di base ed applicativa grazie alla disponibilità di apparati sofisticati e di varia strumentazione elettronica ed ottica, impiegata per approntare sui banchi ottici diverse tecniche sperimentali adatte allo studio dei cristalli liquidi. Nei laboratori del Dipartimento di Fisica viene anche allestita una camera pulita attrezzata (classe 100) di particolare valore con un'estensione di circa 200 mq, per la preparazione dei dispositivi elettro-ottici.

"... Gestisco il laboratorio della *clean room* per gli aspetti tecnici e generali: modalità e procedure per l'accesso e la permanenza al suo interno; osservanza delle norme di sicurezza; controllo delle persone che entrano ed escono e di coloro che lavorano nella camera; manutenzione delle attrezzature. In più mi dedico alla realizzazione di prototipi che mi vengono richiesti da chi fa ricerca. Il ricercatore mi pone il problema, cerchiamo insieme una soluzione in collaborazione, mettendo in sinergia le nostre distinte professionalità. Ricopro un ruolo tecnico in un ambiente di ricerca..."

Questo tipo di collaborazione tecnica consente la fabbricazione di dispositivi elettro-ottici, essenziali per la realizzazione di apparati sperimentali originali. A tal proposito Alfredo racconta che una delle attività svolte all'interno della camera ed assolutamente funzionale alla realizzazione dei prototipi è la deposizione di film sottili, per la quale esistono di norma delle procedure standard. In genere questo tipo di deposizione funziona con substrati e materiali standard, talvolta è invece necessario realizzare film di materiali particolari o su substrati peculiari: in questi casi bisogna individuare la tecnica migliore da adottare, la metodologia più efficace ed i giusti parametri da adoperare.

Qual è stato l'ultimo intervento richiesto?"... La realizzazione di elettrodi in oro, su vetro. Su un vetro comune si deposita uno

strato sottilissimo di oro, semitrasparente o non, il quale viene utilizzato come conduttore per applicare una tensione che permetterà di osservare sul campione i risultati che verranno successivamente analizzati. Questo sottile strato di oro non deve però ricoprire tutto il vetro, ma deve invece possedere una particolare forma, e soprattutto uno spessore specifico; su di esso poi si deposita un film allineante ed infine, con due vetri trattati in tal modo, si realizza una cella assemblandoli uno di fronte all'altro ad una distanza costante e predeterminata (tipicamente qualche micron).[1] All'interno della cella viene inserito il materiale e vengono studiate le proprietà applicando un campo elettrico, mediante i due elettrodi di oro. Affinché l'esperimento raggiunga il successo desiderato è fondamentale rispettare minuziosamente le indicazioni fornite dal ricercatore. Questa è un'attività mirata allo studio delle proprietà di cristalli liquidi e al trasferimento tecnologico dei risultati ottenuti…"

Siamo nell'ambito della ricerca pura e di quella con scopi applicativi: capire i comportamenti più intimi dei materiali certamente rientra nella ricerca pura, al contempo questi dispositivi possono avere applicazioni svariate. Alla fine degli anni '70 dello scorso secolo sono apparsi sul mercato i primi display a cristalli liquidi nelle calcolatrici, negli orologi e nella strumentazione elettronica. Oggi anche i telefonini e i televisori di ultima generazione sono dotati di display.

"… Siamo circondati da oggetti che possiedono queste caratteristiche e che ogni giorno maneggiamo continuamente. Oltre agli oggetti di uso quotidiano, anche nella ricerca questi dispositivi possono essere usati come rotatori di polarizzazione e possono servire nel campo dell'ottica e delle ricerche spaziali. Lo studio dei cristalli liquidi è di grande interesse per le proprietà strutturali e dinamiche che essi hanno…"

1. Millesimo di millimetro.

La camera pulita è alquanto frequentata: ricercatori, laureandi, dottorandi e *post-doc*; a volte in essa lavorano contemporaneamente fino a 15/20 persone, divise in piccoli gruppi, ognuno dei quali concentrato in operazioni diverse. "… C'è sempre qualcuno che ha bisogno di una mano nel laboratorio…"

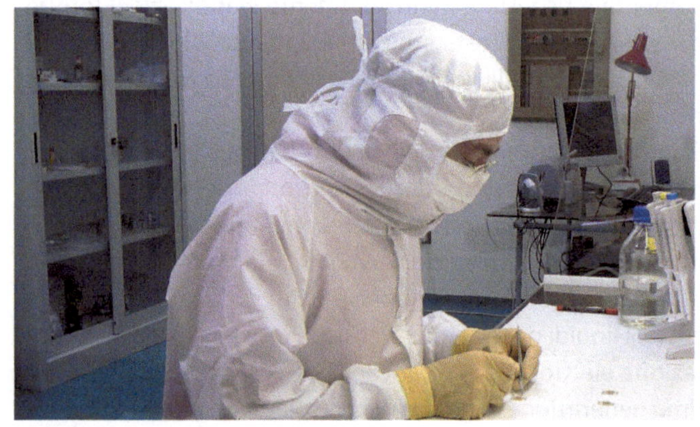

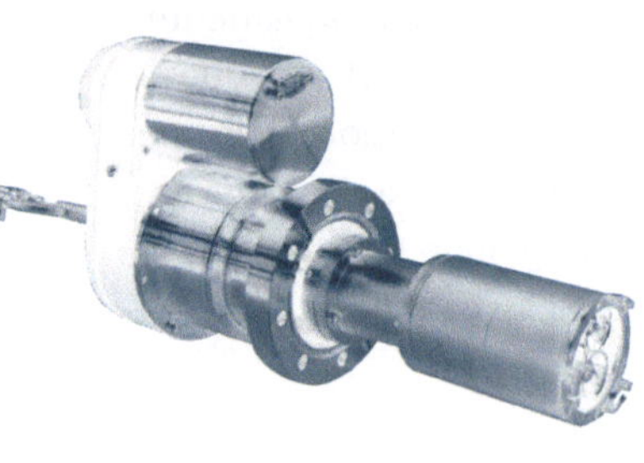

Alessandra Biggi

Università
Genova

Titolo di studio
Laurea specialistica

Istituto scolastico
Liceo scientifico

Azienda/Ente
Riva S.p.A.
(La Spezia)
Costruzioni navali

Data intervista
3 dicembre 2009

"… Sono una nomade". Alessandra si definisce spesso in tale modo mentre espone il proprio percorso professionale.
È molto giovane, ha solo trentun anni, è una donna che lavora in un settore prevalentemente occupato dagli uomini; negli ultimi otto anni ha cambiato tre grandi aziende, ricoprendo ruoli interessanti e di notevole responsabilità. Nelle prime due si costruiscono navi, nella terza yacht di lusso.
Inizia a lavorare nel 2001, subito dopo aver conseguito la laurea triennale in Scienza dei Materiali presso l'Università di Genova, entrando nei Cantieri Navali San Marco a La Spezia; nel 2003 si trasferisce alla Fincantieri - Cantieri Navali Italiani S.p.A. a Sestri Levante e si iscrive alla laurea specialistica; nel 2005 passa alla Riva S.p.A. del Gruppo Ferretti dove attualmente opera da quattro anni. Troppi per i suoi standard occupazionali, aspirazioni di crescita, voglia di mettersi in gioco e sfidare le proprie abilità: il desiderio di cambiare aria riemerge, è una "nomade" che considera il lavoro come la propria casa e i materiali la sua passione.
"… E pensare che il restauro doveva essere il mio futuro, il mio grande amore! Invece mi sono innamorata dei materiali. Come ho fatto? Finito il liceo non ho potuto frequentare per varie motivazioni una scuola di restauro, allora ho scelto un indirizzo universitario che, magari negli anni successivi, mi avrebbe potuto riaprire quella porta…"
Questo è l'incipit, adesso proseguiamo con calma. Nel luglio del 2000 ottiene la laurea di primo livello. Svolge il lavoro di tesi presso la GPS Semiconductor di Genova che frequenta per quattro mesi. È un'azienda che tratta semiconduttori d'alta potenza, realizzati con tecnologie avanzate e convenzionali per soddisfare le esigenze delle più svariate applicazioni industriali, delle applicazioni nella trasmissione di energia elettrica e nella propulsione di veicoli elettrici. La gamma di prodotti è ampia ed Alessandra nella propria tesi affronta la caratterizzazione dei semiconduttori di potenza, realizzando di fatto le schede tecniche per il catalogo della società.

"... Mi è piaciuta come esperienza di lavoro. L'argomento trattato di meno. Io prediligo la metallurgia e la chimica: qui eravamo più in campo fisico. Non era il mio terreno..."
Pochi mesi dopo, nell'aprile del 2001, inizia a lavorare nei Cantieri Navali San Marco a La Spezia. Il campo produttivo è quello marittimo, costruzioni e riparazioni navali: *containers*, *product carriers*, gasiere, *bulkcarrier*, unità *offshore*, navi passeggeri, navi cisterna per prodotti chimici e rimorchiatori. Le offrono un contratto di formazione della durata di due anni che si trasforma in un indeterminato, tipologia contrattuale di cui godrà anche nei due impieghi successivi.
"... Mi sono infilata in questa avventura andando direttamente nella produzione. Ero l'unica donna, per di più molto giovane: sono stata il centro del bersaglio di qualsiasi scherzo. Esperienza dura, ma molto formativa..."
Alessandra è uno dei responsabili della produzione e pertanto programma e coordina tutte le attività produttive, assicurando il rispetto degli standard prefissati dall'azienda. Controlla e dirige anche le risorse umane impiegate nei reparti che a seconda delle rotazioni di lavoro variano: sei coppie per ogni turno, dodici persone. Valuta anche il fabbisogno di manodopera necessaria per eseguire le lavorazioni, supervisiona e controlla gli addetti assegnati alle fasi di fabbricazione. Ha in aggiunta la responsabilità del controllo qualitativo delle saldature. "... In quel periodo ho preso tutte le certificazioni per la qualificazione del personale addetto ai controlli non distruttivi, che avevo già trattato da un punto di vista teorico. Nei laboratori sperimentai la pratica vera e conseguii i cinque patentini che servivano per il controllo delle saldature..."
Che cosa ha portato a casa da questa prima esperienza di lavoro?
"... Prima di tutto sono riuscita a collegare il patrimonio delle conoscenze teoriche che l'università fornisce con i problemi concreti del mondo del lavoro che troviamo fuori dalle aule accademiche..." Alessandra fa riferimento alla funzionalità dei

macchinari, al ciclo produttivo, alla programmazione delle macchine (meccaniche, idrauliche, elettroniche e informatiche) alle norme contrattuali e alle norme di sicurezza e antinfortunistiche. "… In seconda battuta ho sviluppato un buon bagaglio tecnico, la capacita di leggere un disegno (è un esame della laurea specialistica) e soprattutto a relazionarmi con le persone, mediare e motivare il personale. L'esame universitario di organizzazione aziendale è stato utile ma non sufficiente. Ho avvertito l'esigenza di approfondire questi argomenti frequentando qualche anno dopo un master in *Business Administration* proprio per completare la mia esperienza individuale con un valido programma didattico focalizzato sul *team working* e sull'*action learning*…"
Giunge il 2003, anno in cui Alessandra cambia nuovamente azienda iscrivendosi anche al corso di laurea specialistica in Scienza e Ingegneria dei Materiali, con l'obiettivo di concludere il percorso formativo in due anni, traguardo impegnativo che viene coronato con non pochi sacrifici, principalmente di carattere privato visto che la professione è una delle categorie di primario valore nella vita della nostra protagonista. Cambia ente ma non settore: viene assunta dalla Fincantieri - Cantieri Navali Italiani S.p.A., un'azienda partecipata dal Ministero dell'Economia e uno dei più importanti complessi cantieristici navali in Europa e nel mondo. È inserita nella sede di Sestri Levante dedicata alla fabbricazione di navi e costruzioni meccaniche. Viene inquadrata come impiegato tecnico presso l'Ufficio Qualità che, tra i vari compiti, ha anche quello di effettuare controlli di qualità sulla produzione vera e propria (per esempio: lamiere con difetti, processi di saldatura ecc.), di gestire i controlli non distruttivi ed elaborare il *feedback* dei vari processi. Alessandra riesce a ritagliarsi uno spazio, "inventa" una figura non codificata nel servizio di afferenza, una sorta di *problem solver* per le problematiche inerenti la metallurgia che è il suo ambito di specializzazione, avendo ella sostenuto molti esami

su tale argomento negli anni della triennale e della specialistica. È un "orientamento al cliente" in questo caso prestato al personale interno, quale anello della catena produttiva.
"... Quando c'era un problema che riguardava la metallurgia venivano da me; questo mi lusingava e mi gratificava molto..."
È in questa atmosfera che compone la tesi della specialistica: l'argomento sorge come conseguenza di un grosso problema avuto con le tubazioni di una nave da crociera costruita e consegnata dal cantiere pochi mesi prima. "... Affrontai lo studio della soluzione del problema; in seguito decisi di tramutare questa ricerca nella mia tesi di laurea a cui diedi il titolo *Problematiche delle saldature in ambito navale*..."
Nel marzo del 2005 consegue la specialistica, ecco arrivato il momento buono per cambiare struttura: desidera confrontarsi con altri materiali, non vuole fossilizzarsi con l'acciaio e avendo una preparazione di base abbastanza vasta che comprende anche i polimeri "finisce dentro" la vetroresina, approda alla Riva S.p.A. del Gruppo Ferretti, leader mondiale nella nautica di lusso, nel cantiere di La Spezia.

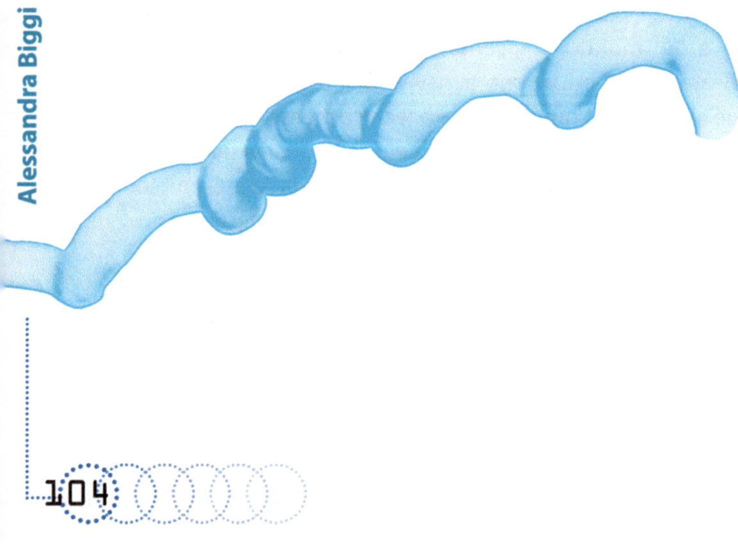

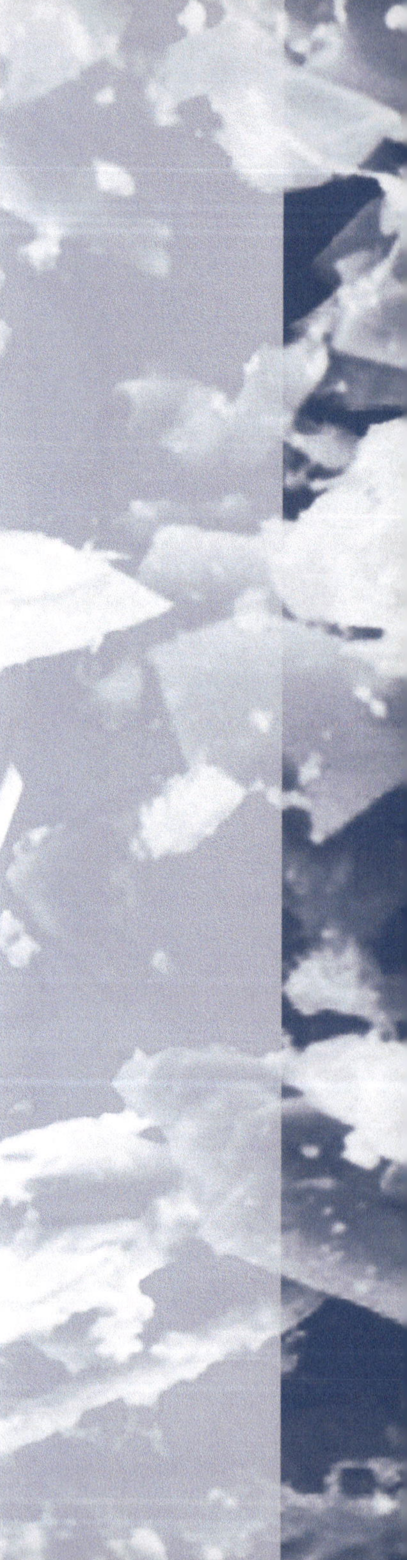

Per Alessandra inizia una nuova stagione di crescita, confronto e verifica. Entra in questa azienda quando stavano per istituire l'Ufficio Qualità, inteso non come certificazione di un sistema di qualità, di una serie di processi che portano alle erogazioni di un servizio, ma come qualità del prodotto, nel caso specifico della barca: dall'accettazione del guscio dello scafo in vetroresina fino alla consegna al cliente. L'azienda Riva occupa un posto di grande rilievo nella progettazione, costruzione e vendita di *motor yacht* di lusso curati nei minimi dettagli con tecniche nella maggior parte dei casi artigianali: è un marchio famoso e anche uno dei più costosi proprio per la qualità.

Alessandra impianta l'ufficio: elabora tutte le procedure, l'iter di controllo, la gestione e lo sviluppo dell'albo fornitori. Disciplina tutta la parte di *problem solving*, nonché tutte le metodologie per la risoluzione di problemi in fase di progettazione incluso il servizio di *failure analysis* delle strutture, materiali, metalli, saldature, legno ecc.

"… Si tratta di metodologie, di protocolli che sono stati introdotti pian piano in un'azienda che è prettamente artigianale, lontana da concezioni industriali. La grossa sfida è stata quella di "educare" il personale. Un esempio? Le squadre di falegnami che, una volta arrivato il mobile, lo devono aggiustare a bordo come qualsiasi artigiano farebbe in una stanza della vostra abitazione…"

A distanza di quattro anni è soddisfatta del lavoro svolto ma ritiene anche di aver esaurito il proprio incarico: l'ufficio esiste, le metodologie anche, come pure l'idea che per ogni problema bisogna consultare l'Ufficio Qualità. Il suo desiderio in questo momento è quello di impegnarsi nuovamente nei processi produttivi che richiedono capacità organizzative e di analisi, senso pratico, disponibilità alle innovazioni, adattabilità, destrezza nel mediare e nello stimolare il personale… attitudini che Alessandra ha conquistato giorno dopo giorno sul campo, con grande pazienza e determinazione.

Stefano Ruscitti

Università
Tor Vergata, Roma

Titolo di studio
Laurea

Istituto scolastico
Istituto tecnico industriale

Azienda/Ente
Micron Technology Italia
(Avezzano, L'Aquila)
Dispositivi a semiconduttore, sensori di immagine

Data intervista
8 ottobre 2009

Manipolatore da U.H.V.
a cinque gradi di libertà.

Il percorso universitario di Stefano è inconsueto ma non per questo meno interessante; gli avvenimenti che racconta sono sicuramente utili per avviare una riflessione sulla grande importanza che ricopre l'educazione permanente e sul fatto che i corsi triennali non abbiano deluso gli orientamenti europei in tema di *long life learning*. La sua scelta di iscriversi al corso di laurea in Scienza dei Materiali è frutto di una decisione consapevole e ragionata.

Stefano si diploma nel 1992 e si immatricola, a Roma, alla Facoltà di Ingegneria della più grande università europea. L'esperienza lo delude e ben presto, come spesso purtroppo accade nel nostro paese, abbandona gli studi ed inizia a lavorare sfruttando le competenze acquisite nei cinque anni di frequenza di un istituto tecnico industriale.

Inizia a esercitare l'attività di elettricista, professione che svolge con risultati soddisfacenti per sette anni. È un mestiere che gli piace, che sviluppa con abilità ma che non lo gratifica pienamente: è prepotente in lui il desiderio di migliorare non solo la propria posizione lavorativa ed economica ma anche di avere un'occupazione di maggior rilievo sociale.

Nel 2000 sente parlare per la prima volta, da amici, del corso di laurea in Scienza dei Materiali. Naviga su Internet, raccoglie qualche notizia e si persuade ad immatricolarsi in un altro ateneo romano per poi trasferirsi l'anno successivo a Tor Vergata. Si appassiona talmente tanto allo studio delle discipline presenti nel corso intrapreso che decide di interrompere l'attività lavorativa e di dedicarsi allo studio al 100%. È uno studente più "grandicello" degli altri e per questo probabilmente molto più determinato: frequenta regolarmente le lezioni, partecipa alla vita dei laboratori sperimentali, cerca il confronto ed il conforto dei suoi insegnanti. L'ambiente che trova a Tor Vergata gli piace: pochi studenti, un rapporto diretto e continuato con i docenti, con i tecnici di laboratorio, con la struttura in generale.

Durante l'intervista ricorda con emozione – si percepisce dal cambio di modulazione del timbro vocale – le lezioni tenute da professori la cui disponibilità era sicuramente favorita da un numero così ridotto di allievi: l'elemento numerico, così contenuto, sostiene la relazione interpersonale a beneficio dell'apprendimento, più rapido ed efficace. La motivazione di Stefano aumenta, il suo impegno di studente è sollecitato e in tal modo cresce la passione verso un corso di laurea fortemente interdisciplinare e formativo. Racconta, ad esempio, che l'acquisizione di conoscenze sui componenti elettronici è stata preziosa durante il colloquio di inserimento avuto con i dirigenti della Micron Technology Italia, multinazionale dove lavora da oltre tre anni.

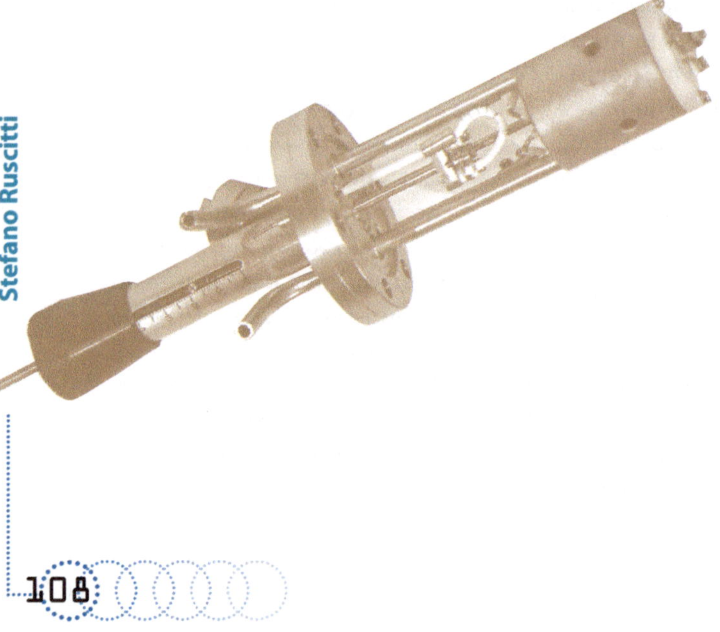

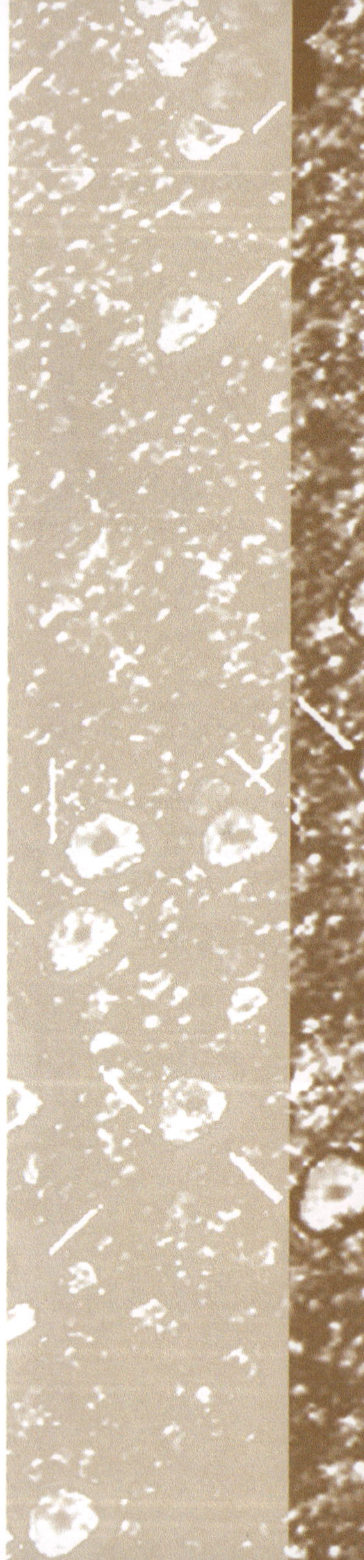

Ma anche lo stage vissuto alla Alenia Spazio, un'industria del gruppo Finmeccanica, quando era ancora studente, si è rivelato vantaggioso. Durante il tirocinio di tre mesi consumato presso uno dei maggiori fornitori mondiali di sistemi spaziali e *hardware*, ha potuto assaporare che cosa è una struttura internazionale, cosa significhi inserirsi in una grande azienda, quali sono le regole da rispettare, i comportamenti da seguire. Alla Micron Technology Italia si occupa di dispositivi a semiconduttore, come tecnico addetto alla tecnologia di produzione nell'ambito dei controlli del processo e della manutenzione dei macchinari.
Riferisce che la formazione è fondamentale per progredire professionalmente nell'azienda dove è occupato, per gli avanzamenti di carriera. Ritiene altresì che il corso di studi effettuato lo abbia ben preparato e che la laurea lo abbia aiutato a realizzare le sue aspirazioni lavorative.
La dimensione aziendale gli piace, non ha eccessivi rimpianti per il mondo della ricerca che ha avuto modo di presagire avendo vinto una borsa di studio che gli diede la possibilità di collaborare in un progetto presso un laboratorio sperimentale del Dipartimento di Fisica di Tor Vergata.
Si rammarica invece di non aver concluso l'esperienza della laurea specialistica, intrapresa dopo il conseguimento della laurea di primo livello, ma ostacolata dagli impegni di lavoro e dagli oneri della vita privata. Al momento esclude l'eventualità di raggiungere questo ulteriore traguardo che gli aprirebbe la porta ad incarichi di maggiore responsabilità.
Gli auguriamo che questo non accada e che prevalga la tenacia, di cui egli sicuramente dispone, per riagguantare e portare a compimento il suo percorso formativo.

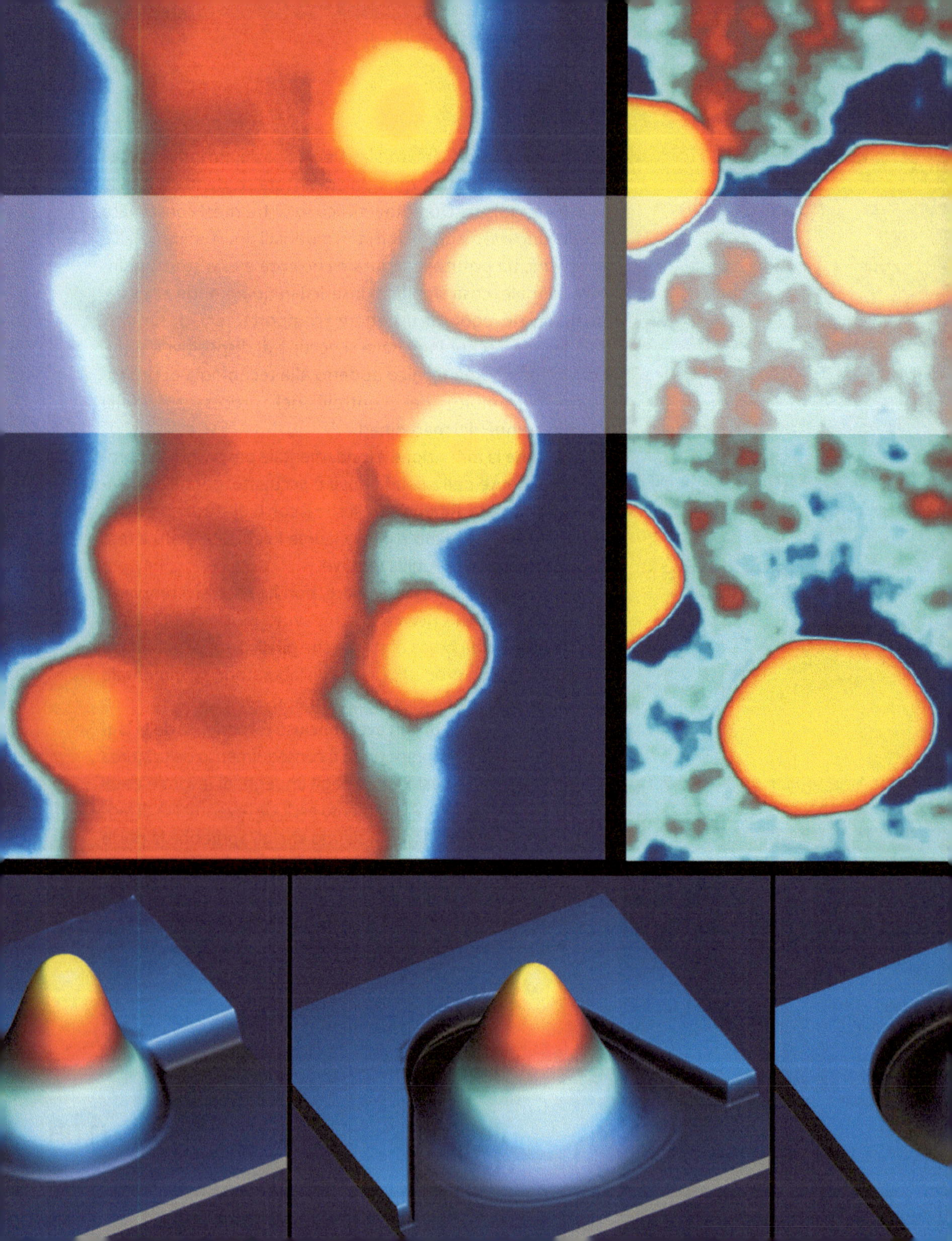

Manuela Liotti

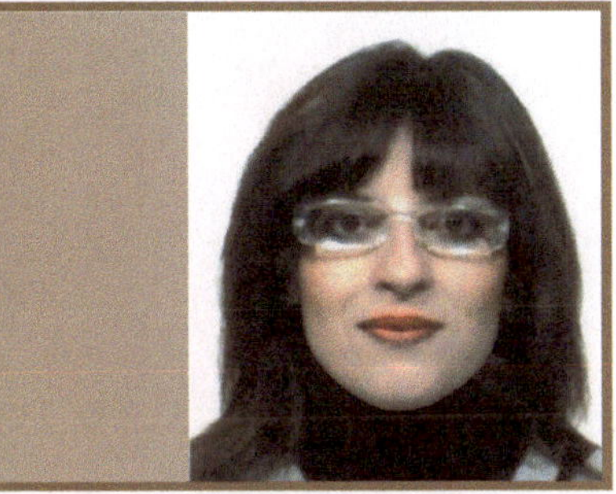

Università
Torino

Titolo di studio
Laurea

Istituto scolastico
Liceo Scientifico

Azienda/Ente
Inforgroup S.p.A. (Torino)
Agenzia per il lavoro polifunzionale

Data intervista
22 marzo 2010

Punti quantici di InAs nucleati su una superficie di GaAs (001) (Dip. Fisica, Università di Roma Tor Vergata).

Un insegnante del liceo scientifico frequentato a Torino da Manuela propone ai propri allievi la compilazione di un questionario, il quale è finalizzato alla valutazione delle inclinazioni individuali per una scelta universitaria consapevole e possibilmente appropriata.
"... Il risultato del test suggeriva di orientarmi verso la fisica o la scienza dei materiali: mi sono documentata, mi è piaciuta l'offerta formativa del diploma triennale in Scienza dei Materiali e ho deciso di seguire il corso di laurea iscrivendomi all'Università di Torino. Nel 2001 ho convertito il titolo, conseguito l'anno precedente, nella laurea di primo livello dopo aver preparato e discusso un nuovo lavoro di tesi. Mi sono successivamente iscritta alla specialistica, ho anche sostenuto qualche esame; non sono d'altra parte riuscita a conciliare gli studi con le responsabilità che la professione svolta in quel periodo implicava..."
Manuela, come altri studenti del corso di laurea in Scienza dei Materiali, si avvicina all'universo occupazionale tramite il tirocinio formativo (o stage) connesso al progetto di tesi e passato presso un'azienda, convenzionata, nel suo caso, con l'Università di Torino. Lo stage è pensato con lo scopo di rafforzare sia le collaborazioni fra università ed imprese, sia accorciare i tempi di inserimento degli studenti nel mondo delle professioni. "... All'epoca del mio tirocinio l'azienda si chiamava OTC S.r.l. ed era protesa allo sviluppo della ricerca nel campo delle tecnologie delle telecomunicazioni. Attualmente, dopo vari passaggi di proprietà, si chiama AVAGO Technologies..."
Manuela compie una tesi sperimentale: lavora in una camera pulita in cui si realizzano dispositivi a semiconduttore da integrare con fibre ottiche ed altre apparecchiature scientifiche. "... Realizzavo diversi dispositivi, ovviamente con l'aiuto di persone che guidavano le mie azioni; il mio contributo si concretizzava a livello sperimentale e pratico. Alcuni dispositivi erano dei prototipi e quindi non in produzione: essi venivano carat-

terizzati e sottoposti a misure. Il materiale utilizzato era nuovo, in fase cioè di sperimentazione e pertanto le sue prestazioni potevano essere più o meno buone. Tutto doveva essere verificato, studiato e testato; poi venivano scritti degli articoli e prodotti dei brevetti. La tesi è durata quattro mesi ed è stata indubbiamente una bella esperienza che mi ha inserito abbastanza rapidamente nel mondo del lavoro, avendo avuto in aggiunta la grande fortuna di fare qualcosa assolutamente inerente ai miei studi…"

Immediatamente dopo la sua laurea la OTC S.r.l. propone a Manuela uno stage aziendale di un anno: trascorsi appena quattro mesi, ella riceve l'offerta di assunzione a tempo indeterminato e accetta con gioia. La nostra amica continua il progetto portato avanti nei mesi del tirocinio: "… la OTC aveva bisogno di una persona dedicata alla tecnologia dei dispositivi e sulla quale investire. Era un lavoro di ricerca e di esplorazione, il quale mi forniva per di più la possibilità di inventare cose nuove o modificare quelle vecchie, evidentemente per migliorarle. C'era in esso una componente di inventiva ed indipendenza, potevo infatti attuare qualche piccola modifica alle vecchie ricette studiando e documentandomi in letteratura, puntando con il gruppo allo stato dell'arte…"

Manuela rimpiange quegli anni e quell'opportunità professionale tanto stimolante, piena di motivazioni e da lei considerata adesso un elemento qualificante del proprio passato, anche se lontano e culturalmente distante dall'attuale situazione lavorativa. Il nostalgico ricordo rappresenta però per lei un incessante sprone al fine di ritrovare oggi una situazione analoga a quella trascorsa. Manuela ora ha un'attività molto diversa per i motivi che emergeranno nel corso dell'intervista, che svolge con dignità e rispetto di se stessa, anche se con una limitata soddisfazione.

Ma torniamo alla OTC S.r.l. e alle sue difficoltà. "… L'azienda ha affrontato vari momenti difficili: il primo avviene nel 2004, che

ho superato personalmente spostando il mio impegno nel campo delle misure, alle quali rivolgo maggiore attenzione. Entro nel laboratorio di caratterizzazione ottica e qui opero facendo misure per qualche mese, approfondendo le mie conoscenze in tale ambito. Continuo in questa direzione e pian piano cerco di espandere le mie competenze in modo autonomo: mi accosto a strumenti che non avevo mai utilizzato in precedenza e dunque mi creo progressivamente una terza occupazione; cambio di nuovo gruppo e finisco nel settore di produzione. Termino di fare ricerca e inizio a focalizzarmi nella produzione, dato che nel frattempo gli obiettivi aziendali hanno avuto questa evoluzione. Rimango nel nuovo comparto fino a luglio del 2008: l'azienda desidera fare degli oggetti che possano essere utilizzati in apparecchiature; la ricerca è troppo costosa, noi dobbiamo fare produzione e rendere. Passiamo da una mano all'altra poiché la OTC viene assorbita prima dall'Agilent Technologies e poi dall'Avago Technologies. La sede torinese si trasforma gradualmente in un centro di produzione e vengono assunte alcune persone da applicare in ruoli molto manuali e ripetitivi. Questi operatori vengono addestrati a seguire un protocollo di procedure che io ed altri colleghi abbiamo redatto. Allo stesso tempo anche noi ingegneri cerchiamo di contrastare le difficoltà che la nuova situazione pone di fronte: è necessario un cambiamento di visione ed atteggiamento. È in effetti un nuovo mestiere in quanto da ricercatori dobbiamo assumere la mentalità di coloro i quali devono ottenere dei rendimenti, migliorare i processi ed acquisire un comportamento con vocazione più commerciale. Per quanto mi riguarda, lo sforzo si dimostra comunque vano ed il rapporto con la Avago si interrompe. La multinazionale decide di spostare il reparto di fine linea a Singapore, dove i costi di produzione sono minori rispetto a quelli sostenuti in Italia, negli USA e in Occidente; avvengono inoltre tagli in tutto il pianeta e la crisi che colpisce per la seconda volta noi a Torino

Quantum dots di germanio su silicio.

travolge in quest'occasione anche me. Mi viene proposto di trasferirmi per tre anni a Singapore, io non me la sento di accettare e quindi lascio l'azienda, perdendo il lavoro in cambio della mobilità. In questo modo, nell'agosto del 2008, si è conclusa la mia pratica nel campo delle tecnologie dei semiconduttori ed in tutto ciò che aveva a che fare con la mia preparazione universitaria..."

In questo momento Manuela è impiegata in una delle agenzie per il lavoro polifunzionale (note anche come aziende di lavoro interinale), la Inforgroup S.p.A, e dipende dalla filiale di Torino. "... Sono stata assunta da una società di somministrazione lavoro ed opero in una grande realtà assicurativa italiana. Faccio parte dell'ufficio acquisti, ma nella sostanza immetto dati in un computer per otto ore al giorno. Non è affatto gratificante, anche se ringrazio di avere un lavoro. Sono ancora iscritta nelle liste di mobilità, ma ho scelto comunque di lavorare per contrastare l'automortificazione e difendere la mia rispettabilità. Al contempo concentro la mia attenzione nella ricerca di una nuova collocazione, volgo lo sguardo soprattutto verso le aziende coinvolte in attività simili a quelle che ho dovuto abbandonare. Non mi limito a considerare unicamente le offerte su Torino e dintorni, ma anche quelle all'estero. In qualche modo mi sono pentita di non essere andata a Singapore dove ero già stata in trasferta: in quel periodo una situazione privata mi ha trattenuto in Italia. Non mollo, adesso valuto proposte provenienti anche da sedi estere..."

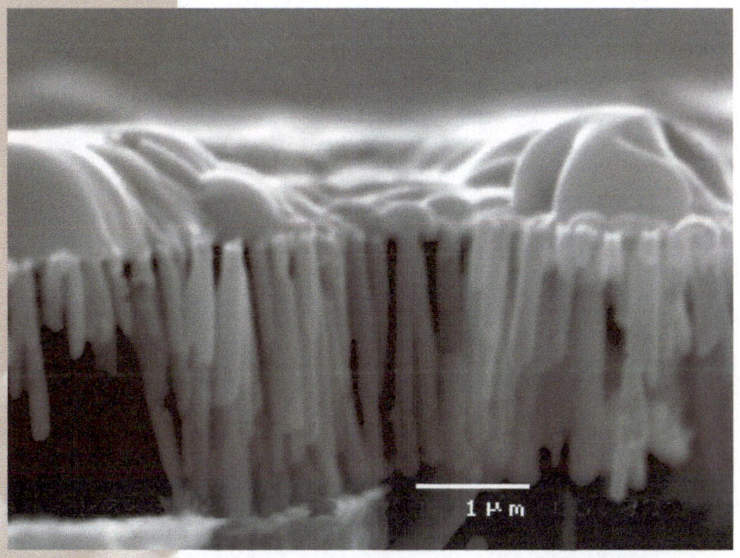
1 μm

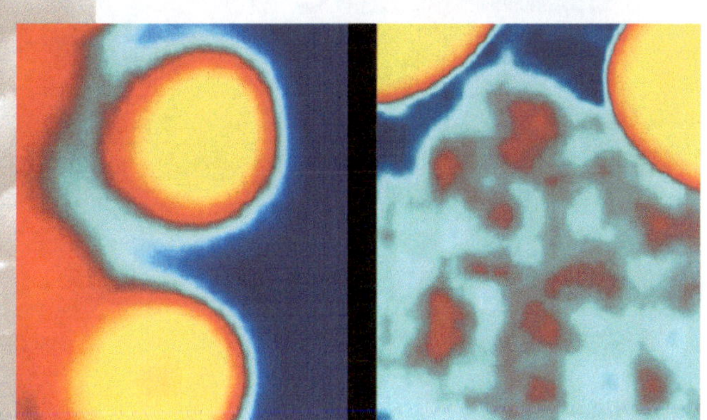

Pasquale Stramaglia

Università
Bari

Titolo di studio
Laurea

Istituto scolastico
Istituto tecnico industriale

Azienda/Ente
Bridgestone Italia S.p.A.
(Modugno, Bari)
Pneumatici

Data intervista
21 dicembre 2009

La lettura di un articolo sulla rivista "Focus" stimola Pasquale ad approfondire i contenuti disciplinari offerti dal corso di laurea in Scienza dei Materiali, sorto anche con l'intento di accorciare le distanze tra il mondo della formazione universitaria e quello delle imprese.

Il numero delle imprese è aumentato negli ultimi cinquant'anni ed è di conseguenza cresciuta la domanda di servizi professionali; esse richiedono esperti che sappiano gestire lavori complessi ed analitici, e facciano uso di strumenti e tecnologie all'avanguardia. Le nuove tecnologie creano e sviluppano nuove figure professionali con un elevato *knowledge* scientifico per le quali le imprese creano delle opportunità di impiego: esse spesso investono in ricerca e sviluppo, costruendo un contesto organizzativo che sostiene la specializzazione. Pasquale sceglie un corso educativo e formativo che introduce nel sistema produttivo figure professionali in grado di progettare e seguire la preparazione di nuovi materiali e migliorare le possibilità di impiego dei materiali già esistenti.

Egli proviene da un istituto tecnico dove ha già approcciato il mondo dei materiali, segue il suddetto corso presso l'Università degli Studi di Bari e nel dicembre 2004 si laurea.

Trascorre il tirocinio per il lavoro di tesi nei laboratori di chimica del CNR di Bari, concentrandosi in un progetto relativo a una delle applicazioni di plasmi freddi[1] per modificare le superfici di materiale plastico e renderle più adatte a materiali organici. "... L'obiettivo era di tipo applicativo con interesse in ambito medicale: si intendeva realizzare un substrato su cui

1. Con plasma si intende il quarto stato della materia: è un gas parzialmente o totalmente ionizzato. Il plasma freddo è ottenuto a bassa pressione (vuoto) nello stadio di pulizia e lavaggio di un substrato di qualsiasi materiale. Questo permette la realizzazione di reazioni (tra i 20° e i 30°C di temperatura) che a pressione atmosferica è possibile soltanto a temperature di diverse centinaia di gradi. In questo modo è possibile trattare quei materiali organici (come le materie plastiche) che non sopportano carichi termici elevati.

impiantare delle cellule di fegato..."

Subito dopo si iscrive al corso di laurea specialistica in Scienza e Tecnologie dei Materiali: giusto il tempo di dare qualche esame e Pasquale viene contattato dalla Micron Technology Italia, una multinazionale americana, che nello stabilimento di Avezzano (AQ) produce dispositivi a semiconduttori con tecnologie d'avanguardia a livello mondiale.

"... Ho lavorato alla Micron per circa due anni e mezzo con un contratto a tempo determinato. Sono stato inserito nell'area Engineering, dove ho svolto compiti di manutenzione di apparati ad alta tecnologia specializzandomi nei processi di fotolitografia.[2] La mia attività era soggetta a turnazioni. È stata un'esperienza forte entrare subito dopo la laurea triennale in una multinazionale. Ha rappresentato una grande opportunità..."

Come per tutti i neoassunti il periodo di inserimento prevede un'illustrazione generale dell'organizzazione aziendale ed una fase di affiancamento ad esperti con lo scopo di ricevere la cosiddetta formazione *on-the-job*.

"... Ho imparato a lavorare sulle problematiche di processo: mi sono formato e ho acquisito una specifica competenza nei processi fotolitografici. Negli ultimi sette mesi non ho più fatto i turni, sono passato al *daily*: sono progredito da ruolo di tecnico a quello di gestore e controllore dei processi, trattando la complessità dei compiti relativi alle macchine e lavorando per progetti. Sono diventato un vero e proprio processista: è stato il biglietto di ingresso per la Bridgstone Italia S.p.A. dove sono impiegato dal 7 luglio del 2008, nella sede in provincia di Bari..."

In effetti Pasquale, tre anni prima, aveva inviato alla multinazionale giapponese, *top corporate* nel mondo degli pneumatici, il proprio curriculum che è stato evidentemente

2. Il processo della fotolitografia viene usato per la fabbricazione di *chip* per computer: con esso avviene la miniaturizzazione dei componenti. In tal modo molti circuiti e transistor possono essere sistemati su una piccola area e si ottiene il disegno di un microcircuito.

Flangia con finestra ottica.

conservato e tirato fuori nel momento in cui l'azienda cercava un processista.

"... La Bridgestone mi ha offerto, dopo un brevissimo periodo di prova, un contratto a tempo indeterminato e in aggiunta il palese miglioramento logistico ed esistenziale. Sono nato a Modugno, i miei affetti sono lì: questo cambio occupazionale ha espresso una svolta significativa nella mia vita privata. Ogni quindici giorni affrontavo 800 km di viaggio..."

Insieme ad altri giovani colleghi vive un momento formativo a Roma presso la Bridgestone Technical Center Europe, punto di coordinamento delle attività europee, dove apprende la politica di approccio alla ricerca ed al lavoro dell'azienda. Qui i neo assunti vengono divisi nei vari settori dove saranno inseriti: Pasquale segue i formatori aziendali esperti del processo di *mixing*, la prima fase del ciclo produttivo dello pneumatico, di cui egli si occuperà nello stabilimento pugliese.

Il processo di costruzione dello pneumatico è lungo e complesso. Esso parte difatti da materie di base (fili di acciaio, gomma naturale e sintetica, nerofumo, fibre sintetiche tessili, vari prodotti chimici), le quali vengono trattate per ottenere i semilavorati principali. Il passo successivo è quello di realizzare con varie strisce di mescola nera gommosa una sorta di "ciambellone" preformato liscio denominato *green tire*, che verrà introdotto nel sistema pressa/stampo. Pasquale gestisce la messa a punto dei cicli di produzione di tutte le mescole che compongono il *green tire*, per quanto riguarda sia il processo fattuale sia il recupero delle mescole irregolari finalizzato alla riduzione degli scarti.

"... Sono il primo anello di una catena di attività fortemente coordinate. Afferisco al Technical Service, il quale è costituito da diverse aree molto vicine dal punto di vista del processo: le mie azioni sono a supporto della produzione..."

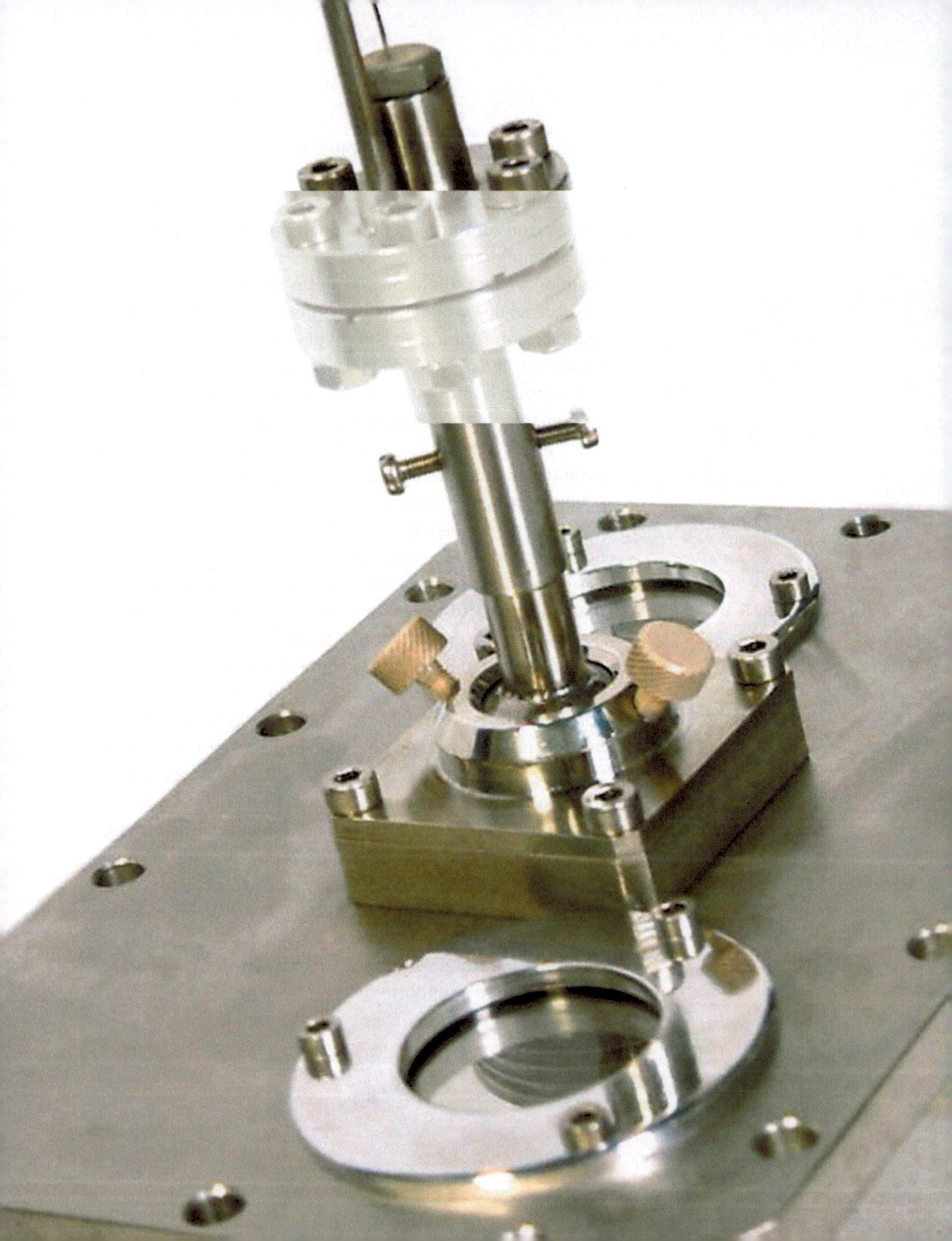

Silvio Restello

Università
Padova

Titolo di studio
Dottorato di ricerca

Istituto scolastico
Liceo scientifico

Azienda/Ente
FIAMM S.p.A. (Montecchio Maggiore, Vicenza)
Produzione di sistemi di accumulo energia e componenti automotive

Data intervista
13 maggio 2010

"... Prendere un materiale povero come l'acciaio, costruirvi una superficie completamente diversa con un film sottile nanostrutturato e aggiungere delle proprietà che esso non possedeva, come la capacità di resistere alle alte temperature e all'usura. La possibilità di creare con un costo relativamente basso un materiale che, pur essendo modesto, ha caratteristiche simili a quelle dei materiali di alto valore: si ottiene quindi un materiale assolutamente pregevole, le cui applicazioni industriali possono andare dalla meccanica alla occhialeria e alla ricostruzione di utensili. È una ricerca che termina in qualcosa di utile..."
Questo è quanto riporta Silvio nel raccontare il proprio lavoro di tesi, svolto nei Laboratori Nazionali di Legnaro dell'INFN (Istituto Nazionale di Fisica Nucleare), all'interno di un gruppo di ricerca di cui egli entra a far parte a tutti gli effetti. Il *focus* del progetto è lo sviluppo di materiali a film sottile con l'obiettivo di trasformare le peculiarità di un materiale di base depositandovi uno strato superficiale di una sostanza diversa, la quale aggiunge degli attributi nuovi e innovativi rispetto a quelli posseduti originariamente. Un'esperienza scientificamente molto interessante per Silvio, che in tal modo si cimenta nella dimensione del micro e del nano al fine di andare a modificare le particolarità macroscopiche di elementi molto diffusi nella vita di tutti i giorni.
"... Le mie scelte prendono avvio dal fatto che aspiravo a svolgere un'attività scientificamente molto strutturata e seria, con una visione però verso l'applicazione. Questo è stato l'aspetto che mi è maggiormente piaciuto distinguendo il mio approccio culturale ed operativo da quello di coloro i quali invece sono focalizzati in studi squisitamente accademici..."
Si laurea in Scienza dei Materiali presso l'Università di Padova, a luglio del 2002; pochi mesi dopo vince nel medesimo ateneo una borsa nel dottorato di ricerca in Scienza ed Ingegneria dei Materiali, finanziata da un'azienda padovana che opera nei ri-

vestimenti a film sottile (la Thin Films Materials). Il dottorato consente a Silvio di continuare ad operare nello stesso gruppo e nell'identico filone di ricerca, ovvero lo studio di materiali nanostrutturati a film sottile.

Qual è stata la sostanziale differenza tra il lavoro svolto durante la laurea e quello nel dottorato? "... La tesi di laurea era connessa ad una ricerca già in corso, dove io ho contribuito facendo alcune analisi e realizzando alcune parti di essa; nel dottorato si è partiti con una nuova iniziativa, in cui sin da principio ho dovuto progettare, programmare ed eseguire tutte le fasi previste scansionandole negli anni e costruendo, in modo originale, un intero percorso..."

L'obiettivo che Silvio doveva raggiungere era quello di sviluppare una certa tipologia di materiali nanostrutturati: il lavoro ha previsto la messa a punto dell'impianto per crearli, l'elaborazione delle modalità e delle tecniche investigative, la costruzione di apparati sperimentali per fare le misure. Dopo questo passaggio iniziale sono cominciate le sperimentazioni per comprendere l'influenza della micro/nanostruttura sulle proprietà del film sottile, il confronto tra le performance di differenti materiali e come esse dipendessero dalle variabili di processo utilizzate. "... Procedevo passo dopo passo nell'attività di ottimizzare il materiale per giungere alla conclusione: siamo infine riusciti a depositare e realizzare il materiale nanostrutturato. In seguito c'è stata un'azienda che lo ha testato in un'applicazione con esiti positivi e tutto ha funzionato. L'ambito industriale era quello dei rivestimenti ad elevate proprietà tribo-meccaniche..."

Perché ha scelto un'azienda rinunciando ad un'eventuale carriera universitaria? "... Le cause sono state di varia natura: la prima coincide con il fascino che ho sempre provato riguardo la possibilità di dare una concreta attuazione a ciò che avevo studiato, sostenendo una reale continuità tra la ricerca scientifica e la creazione di un prodotto che arriva nelle mani delle persone. Il secondo aspetto è che l'ambiente industriale ha una

notevole dinamicità, ci si può muovere con funzioni differenti: attualmente lavoro in un'azienda multinazionale che sviluppa prodotti per mercati di tutto il mondo e ci sono stimoli in continuazione. Terzo punto: in Italia non è facile restare nel mondo della ricerca, il percorso ed i tempi sono molto lunghi e densi di instabilità economica. Ho valutato che un'azienda potesse offrire una solidità sicuramente maggiore..."

Il dottorato ha preparato Silvio anche ad affrontare una realtà industriale e la sua professionalità è indubbiamente il risultato della formazione solida ed importante che un dottorato di ricerca è in grado di fornire. Ed è proprio nell'ultimo anno di dottorato che egli matura l'idea di entrare in una realtà imprenditoriale. Vediamo come avviene. La scuola di dottorato in Scienza ed Ingegneria dei Materiali organizza per i dottorandi dell'ultimo anno un incontro con le aziende. Nel corso di questo appuntamento ogni dottorando espone un poster descrittivo del proprio campo di ricerca, i docenti presentano il corso e le esperienze formative, le aziende illustrano le distinte aree ed i panorami industriali: in sintesi è un efficace ed edificante momento di comunicazione tra il mondo universitario e quello delle imprese.

"... A questo incontro ha partecipato un manager del settore Ricerca e Sviluppo della FIAMM (con sede nella provincia di Vicenza), il quale cercava persone scientificamente qualificate per il gruppo industriale. Sono stato individuato, contattato, esaminato ed eccomi qui. Ho discusso la tesi di dottorato il primo febbraio del 2006 ed un paio di giorni dopo sono entrato in azienda con un contratto a tempo determinato, al quale dopo un anno e mezzo è seguito quello indeterminato..."

Batteria di accumulatori, reperto museale.

Silvio trova nel gruppo FIAMM (leader nella produzione di batterie e sistemi di accumulo di energia) un ambiente attivo e vivace, molto proteso all'innovazione e presente in numerose aree geografiche mondiali con stabilimenti produttivi ed uffici commerciali.

"... Ho continuato a fare ricerca in un'azienda: sono grato ad essa perché l'aria che si respira è stata strategica per tirare fuori il meglio di me. Desideravo fare il ricercatore avendo però una sicurezza occupazionale ed economica. Sono felice di avere incontrato la FIAMM, un'impresa che premia il merito e l'impegno delle persone ed accetta sfide di innovazione molto complesse. Personalmente ho avuto la fortuna di partecipare ad un progetto che ha contribuito allo sviluppo innovativo nel Veneto su argomenti di grande valore..."

L'incarico di Silvio è quello di Science&Technology Manager della divisione New Products&Energy Solutions: è un lavoro di gruppo nel quale egli pianifica e coordina le attività dei propri collaboratori non unicamente per gli aspetti di ricerca, ma anche per quelli di carattere organizzativo-gestionale. "... Sto frequentando un master in *Business Administration* presso la Fondazione CUOA, un centro di alta formazione situato a Vicenza. Il master durerà due anni ed è stato promosso dalla FIAMM come *business school* aziendale..."

Il ruolo svolto da Silvio lo conduce molto spesso in paesi europei per i motivi più svariati: incontri con i fornitori, *meeting* di progetti di ricerca, riunioni con partner per lo sviluppo e l'acquisto di tecnologie.

"... La pluralità formativa avuta con il corso in Scienza dei Materiali è stata fondamentale per il mio mestiere: il suo carattere di multidisciplinarietà mi ha permesso di comprendere e gestire problematiche che altrimenti avrebbero richiesto la presenza di ulteriori persone con competenze specifiche. Dopo il mio arrivo, in azienda sono stati assunti altri due o tre scienziati dei materiali..."

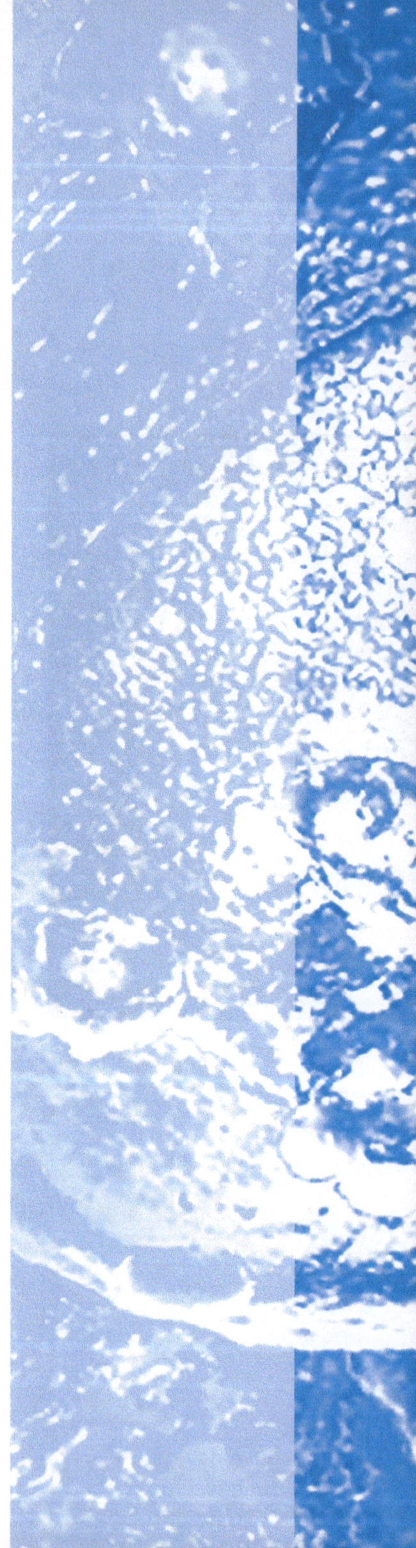

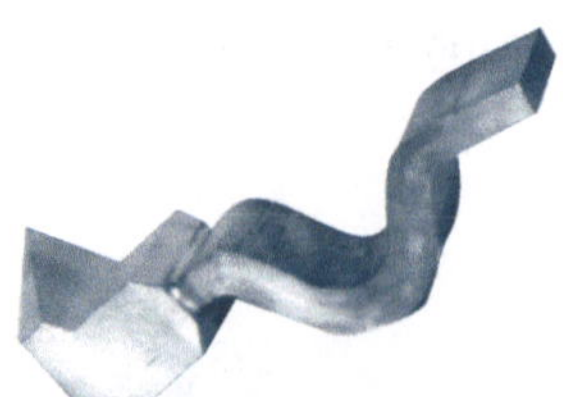

Emanuela Vassallo

Università
Milano-Bicocca

Titolo di studio
Laurea

Istituto scolastico
Liceo scientifico

Azienda/Ente
MILL S.r.l. (Milano)
Automazione meccanica

Data intervista
4 marzo 2010

I materiali, la fisica e la chimica; i linguaggi di programmazione a basso livello e i disegni di schemi elettrici; il *counseling*, la psicotecnica e lo psicodramma; la passione della lettura, il trasporto incontenibile per la letteratura e libri di ogni genere: da dove iniziamo a raccontare la storia di Emanuela? Mescoliamo le categorie della narrazione, presentiamole in un ordine non canonico ed incominciamo dalla fine, da ciò che accade oggi. Se è vero che gli individui sono contenitori di *expertise* e il *knowledge* è un attributo interiorizzato dalla persona e pertanto trasportato anche nel contesto del lavoro, potremmo dire che la curiosità dello scienziato è l'eredità formativa principale che caratterizza l'atteggiamento e la disposizione mentale della nostra amica, nel fronteggiare le problematiche del mondo della professione e delle cose della vita. Ella non ricorre più al *know how* specifico della propria esperienza universitaria, ricevuta nell'Università di Milano Bicocca: la fisica, la chimica e i laboratori del corso di laurea in Scienza dei Materiali sono scomparsi; oggi programma il PLC (Programmable Logic Controller), un computer specializzato nella gestione dei processi industriali, attività che le piace, ma non la completa pienamente, e colma alcuni vuoti con lo studio del *counseling*; ella vorrebbe farlo diventare una vera e propria professione, da affiancare a quella svolta nell'azienda di automazione meccanica dove è impiegata. Dedica il tempo libero alla lettura, diletto che cura meticolosamente e con grande amore, oltre agli affetti personali.
Sinteticamente questo è il mosaico esistenziale della nostra protagonista: riprendiamo i tasselli sparsi sul tavolo di Emanuela e posizioniamoli uno ad uno per ricomporre una storia ben formata, che rispetti l'ordine naturale degli eventi, da quando, finito il liceo, inizia l'università, iscrivendosi ad Ingegneria dei Materiali presso il Politecnico di Milano. Si rende conto che non è il percorso giusto per lei e dopo qualche esame si trasferisce a Milano Bicocca.

"… Era il corso appropriato per me, più aderente alla mia personalità: teoria e pratica per ogni disciplina. I laboratori erano organizzati molto bene: due studenti per ogni banco, ciascuno di noi aveva la propria vetreria e portava avanti in prima persona l'attività assegnata. Abbiamo 'messo le mani in pasta', non ci siamo mai limitati ad osservare il professore…"
Svolge il tirocinio per la compilazione della tesi presso la Kenotec a Binasco (MI), una ditta, oggi denominata Kenosistec, che realizzava componentistica da vuoto. Segue le fasi di costruzione e produzione di una macchina per *vacuum-sputtering*: esecuzione di tutti i lavori, disegni, liste dei pezzi e piani documentati per l'assemblaggio. I processi di *sputtering* trovano applicazione non solo nell'ambito della ricerca scientifica, ma anche in quello dell'industria, come nel settore dei rivestimenti su qualsiasi tipo di superficie; è una tecnica ampiamente utilizzata dai produttori di beni di consumo al fine di migliorare le caratteristiche dei propri prodotti. Lo *sputtering* aumenta la durezza superficiale e la resistenza all'abrasione, facendo uso di una tecnologia pulita e di un processo a secco a bassa temperatura. Il rivestimento, trasferito a freddo con un controllo di deposizione ripetibile in automatico, può avvenire su pressoché qualsiasi tipo di substrato. Si verifica in questo modo un'adesione a livello atomico e la creazione di un'interfaccia stabile e continua tra il rivestimento depositato ed il substrato plastico, metallico o ceramico senza fusione di materiale. "… Ho seguito la costruzione di una macchina da *sputtering*. L'azienda, molto piccola (diciotto dipendenti in tutto), era paragonabile ad un laboratorio dove ciascun addetto realizzava un pezzo dello strumento. In effetti, mi sono maggiormente impegnata nello studio del sistema ingegneristico, nel meccanismo di costruzione e cablaggio della macchina rispetto a quello del processo fisico[1] o fi-

1. Nel processo di *sputtering* si ha un'emissione di atomi, ioni o frammenti molecolari da un materiale solido, il quale è bombardato con un fascio di particelle energetiche (in genere ioni).

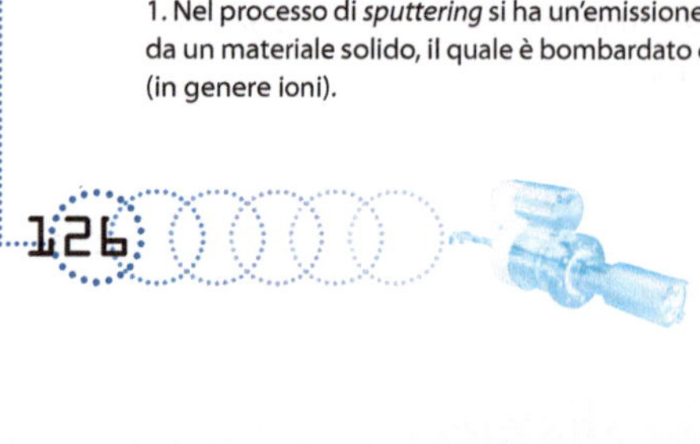

sico-chimico che sostiene le operazioni compiute dall'apparecchiatura. Ho sempre pensato che quest'ultimo aspetto fosse più attinente alla formazione di uno studente di scienza dei materiali. Ho comunque concluso felicemente il lavoro e il 12 luglio del 2005 mi sono laureata..."

Al rientro dalle vacanze, dopo qualche mese di infruttuosa ricerca, decide di inserirsi nell'azienda di famiglia, la MILL S.r.l., attiva nel settore dell'automazione per industria metalmeccanica. Qui si occupa di informatica, usa un linguaggio di programmazione a basso livello molto vicino al linguaggio macchina, elaborando istruzioni estremamente basilari le quali consentono l'accesso alle risorse della macchina. Ha imparato a maneggiare apparecchiature concepite per l'esecuzione di alcune funzioni logiche elementari, di cui l'industria ha individuato subito i possibili settori di applicazione.

"... Nella mia collocazione attuale l'esame che si è rivelato più utile è stato quello relativo ai fondamenti di programmazione. Lo studio della fisica e della chimica non trova applicazione, mentre molto efficace è la mentalità che ho acquisito nel percorso universitario, il metodo che ho appreso, il modo di affrontare e risolvere le questioni. Svolgo un'attività di ufficio, programmo a basso livello, disegno schemi elettrici che finiranno sugli impianti per la messa in servizio di quanto è stato progettato. Noi produciamo il *software* che verrà utilizzato dall'azienda cliente per realizzare un determinato prodotto, in genere nel settore metalmeccanico..."

Emanuela collabora con altri tre colleghi, nel gruppo è l'ultima arrivata e le sue attività sono orientate dal suo responsabile. È sicuramente contenta, ma non completamente, e l'interesse per lo sviluppo della persona e per le tecniche di sostegno la sollecitano allo studio di una materia in cui la "relazione" è posta al centro della riflessione: l'attività di relazione di un professionista in grado di aiutare un interlocutore il quale manifesta problematiche personali, private ed emotivamente significative. Queste sono le motivazioni che inducono Emanuela ad iscriversi ad un corso di studi triennale in un centro di formazione a Milano per la preparazione di professionisti con competenze di *counselor*: questi è un esperto che pratica un lavoro in cui la conoscenza della personalità umana è fondamentale, pur non essendo né uno psicologo né uno psicoterapeuta.

"… L'obiettivo del *counselor* è dare sostegno a chi si trova in un momento di difficoltà o disagio; egli non 'fornisce' una cura ma 'si prende' cura del cliente, accompagnandolo nella soluzione di situazioni di crisi o nello sviluppo di un processo decisionale difficile. Mi sto preparando per diventare un *counselor* ed iniziare ad esercitare questa professione, che vorrei conciliare a quella attuale: sei ore a fare impianti elettrici e quattro ad aiutare le persone con l'attività di *counseling*, che trova spazio nel settore privato, comunitario, aziendale, socio-assistenziale ed in altri ancora…"

Alla domanda conclusiva *Ha mai pensato di continuare con la specialistica?* ribatte prontamente: "… Oh, per come è andata la mia vita adesso mi iscriverei a psicologia…"

Del resto, l'abilità a gestire relazioni umane è l'aspetto chiave del lavoro di molti tecnici e manager, e la tecnica dello psicodramma come metodologia per la formazione, selezione e valutazione delle risorse umane è ormai adottata da molte imprese per il rafforzamento della comunicazione e delle relazioni tra dipendenti e *management*.

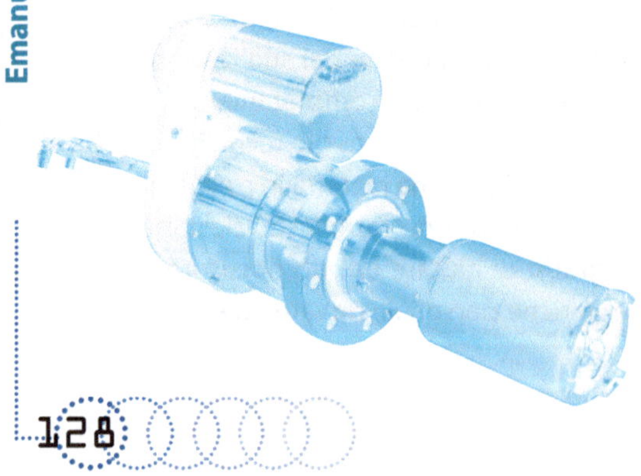

Lorenzo Zottarel

Università
Venezia

Titolo di studio
Laurea specialistica

Istituto scolastico
Istituto tecnico chimico biologico

Azienda/Ente
CIVEN
(Coordinamento VEneto Interuniversitario per le Nanotecnologie)
(Venezia-Marghera)
Ricerca

Data intervista
10 febbraio 2010

"... Ho il privilegio di fare ricerca nel settore dei nanomateriali e nanodispositivi in uno dei primi laboratori italiani dedicato al trasferimento delle nanotecnologie, alla produzione industriale e all'applicazione della ricerca scientifica a favore delle imprese. È un posto dove si è felici di potervi lavorare..." Lorenzo indirizza questa coinvolgente affermazione al CIVEN (Coordinamento Interuniversitario VEneto per le Nanotecnologie), con sede a Venezia-Marghera, un'associazione creata nel marzo 2003 con lo scopo di promuovere la ricerca e la formazione nel campo delle nanotecnologie. Essa nasce dall'unione delle quattro università venete (Padova, Ca' Foscari di Venezia, Verona e IUAV), non ha fini di lucro, le attività sono completamente finanziate dalla Regione Veneto ed agisce in coordinamento con Veneto Nanotech, attivo nelle nanotecnologie applicate ai materiali.

Nel 2007 Lorenzo consegue la laurea specialistica in Scienze e Tecnologie dei Materiali presso l'Università Ca' Foscari di Venezia, dopo aver passato circa otto mesi di tirocinio al CIVEN per realizzare il proprio lavoro di tesi. Il progetto riguarda materiali nanostrutturati per rivestimenti protettivi o decorativi, ottenuti via *magnetron sputtering reattivo*: esso è una tecnica di sintesi al plasma in vuoto, che permette di ricavare dei rivestimenti sottili (di uno spessore molto limitato) da un minimo di alcuni nanometri ad un massimo di tre/quattro micron. Questi ricoprimenti vengono applicati alla superficie di materiali polimerici o metallici, per migliorare o comunque modificare le loro proprietà: incrementare la durezza e la resistenza, diminuire il coefficiente di attrito per facilitare lo scorrimento, accrescere le proprietà anticorrosive e variare le capacità riflettenti.

"... Gli obiettivi erano di tipo applicativo. Ho seguito tre tipi di rivestimenti su tre diversi materiali, sfruttando la tecnica del *magnetron sputtering reattivo*. Il primo si basava sul miglioramento di un rivestimento decorativo, caratterizzato da una colorazione dorata..."

Racconta che l'intervento venne richiesto da un'azienda, la quale desiderava applicarlo alle tegole di rame impiegate nella costruzione di chiese e palazzi di pregio, che, rivestite con uno strato di oro, assumono ovviamente una colorazione dorata. L'obiettivo della ricerca era quello di sostituire all'oro il composto sintetizzato con questo tipo di tecnica e dunque avere lo stesso colore dell'oro in modo certamente molto meno costoso. L'effetto si raggiunge tramite deposizione di TiN (nitruro di titanio) che viene adoperato anche nelle punte da trapano, in quanto materiale distinto da un'elevatissima durezza, sicuramente maggiore di un comune acciaio. Esso ha pertanto un duplice vantaggio: è molto meno costoso e più duro. L'analisi ha dimostrato come sia possibile controllare il colore di partenza dalla struttura cristallina e dalla morfologia, ed in che modo possa avere un'applicazione industriale.

Il CIVEN, nel mese di aprile del 2007, bandisce un concorso per un assegno di ricerca di durata biennale: Lorenzo partecipa alla selezione, risulta vincitore e parte la collaborazione che lo vede coinvolto in un progetto focalizzato sempre sui rivestimenti. Egli utilizza la tecnica *magnetron sputtering reattivo* per ottenere film caratterizzati in questo caso da una struttura particolare, da una morfologia detta ad "occhio di farfalla", per la generazione di superfici anti-riflettenti nello spettro del visibile. "… Sono strutture contraddistinte dall'avere una migliore trasmittanza alla luce: questo tipo di rivestimento può essere infatti applicato sulle lenti di occhiali, cannocchiali e principalmente sui pannelli fotovoltaici per massimizzare la luce trasmessa. Quando passa attraverso un vetro, o comunque da una parte all'altra di una superficie, la luce viene in parte riflessa ed in parte trasmessa. Noi vogliamo minimizzare la luce riflessa con questo studio e massimizzare quella trasmessa, al fine di incrementare l'efficienza della superficie…"

Gli esiti sono stati convenienti nel campo della sensoristica e dell'ottica; in più la riduzione della luce riflessa, senza lo svi-

luppo di diffusione, rende il processo notevolmente efficace in particolari applicazioni, come le celle solari o i display.

"... È una ricerca assolutamente applicativa a favore delle imprese, giacché il CIVEN, come ho già detto, lavora per il trasferimento delle nanotecnologie alla produzione industriale. La nostra è una ricerca di base i cui risultati, in alcune circostanze, vengono brevettati..."

I risultati conseguiti, frutto di un'attiva e continua collaborazione con aziende di notevole prestigio, vengono presentati in media ogni due anni, in un *workshop* che il CIVEN organizza per fornire alle imprese una disseminazione di quanto raggiunto. L'ultimo incontro si è tenuto a luglio del 2009 e ha mostrato i successi riportati con i *partners* aziendali grazie alla felice riuscita dei progetti attivi nel settore dei materiali innovativi, metallici e polimerici applicabili in diversi ambiti, quali meccanica e meccatronica, edilizia, sport *system*, *packaging* (tecniche di imballaggio) e *coatings* (nanotecnologie applicate al tessile).

"... Il mio settore si occupa di rivestimenti sottili in vuoto: siamo un team di quattro persone, due giovani ricercatori e due senior responsabili. Anche loro, ad esser sincero, sono giovanissimi. Le nostre ricerche vengono presentate anche in congressi nazionali ed internazionali: sono momenti di grande interesse e formazione..."

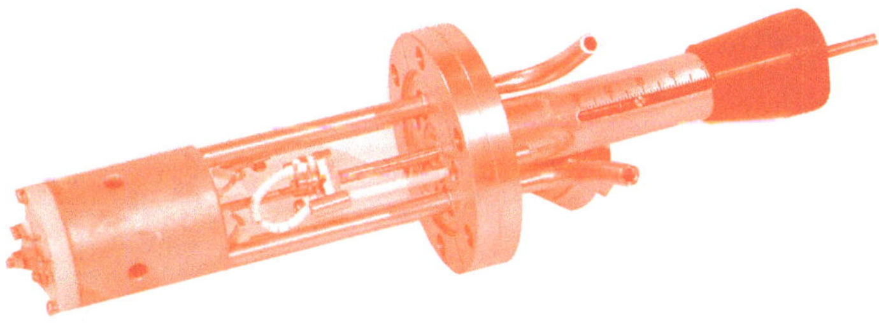

Fabrizio Mori

Università
Cagliari

Titolo di studio
Laurea

Istituto scolastico
Istituto tecnico per perito elettrotecnico

Azienda/Ente
Portovesme S.r.l.
(Carbonia-Iglesias)
Produzione di piombo e zinco

Data intervista
21 dicembre 2009

"... Se fosse possibile lo farei di nuovo da capo, tanto mi è piaciuto..." Ha nostalgia degli anni passati sui libri, delle aule, dei laboratori ed anche dei docenti del corso di laurea in Scienza dei Materiali, frequentato presso l'Università degli Studi di Cagliari. Fabrizio decide di mettersi nuovamente in gioco dal punto di vista degli studi qualche anno dopo aver trovato un impiego. La scelta è conseguenza della passione per i metalli e l'elettrochimica, del desiderio di migliorare la propria cultura di base, le proprie conoscenze e non da ultimo il livello professionale che occupa nello stabilimento della società Portovesme S.r.l., leader in Italia nella produzione di piombo e zinco, nella provincia di Carbonia-Iglesias.
Quando egli entra in azienda è un operatore della sala controllo, dove verifica i processi di produzione di un'industria internazionalmente attiva nel settore della metallurgia dei non ferrosi, con un alto livello tecnologico per quanto riguarda gli impianti, l'automazione e l'informatizzazione delle operazioni tecniche.
"... I turni mi consentivano di studiare e di seguire i corsi all'università. Mi sono trovato benissimo, è stato entusiasmante. Finiti gli esami ho svolto presso la mia azienda il lavoro di tesi *Lisciviazione*[1] *diretta degli ossidi Waelz: prove di elettrolisi*". Per processi di lisciviazione diretta si intendono quei procedimenti che vengono applicati direttamente sui fumi di acciaieria, non trattati termicamente. Il progetto di Fabrizio riguarda la sperimentazione di una particolare lavorazione, che utilizza come materia di partenza un ossido invece di un solfuro.
"... L'esperienza è andata bene. Si sta pensando di costruire un piccolo impianto per la produzione dello zinco seguendo questo procedimento. La ricerca aveva un carattere molto applicativo: era mirata alla verifica dell'immediata attuabilità..."

1. Procedimento di separazione dei componenti di una sostanza solida, consistente nel portare in soluzione alcuni di essi mediante solventi o tramite reazioni chimiche.

Circa sei mesi dopo la laurea Fabrizio ha un avanzamento di carriera: va a ricoprire il ruolo di un collega andato in pensione e diventa un vice capo del reparto dell'elettrolisi, settore dove avviene la deposizione e raccolta dello zinco metallico, il quale è usato come rivestimento protettivo per ferro e acciaio, è un costituente di molte leghe, ad esempio dell'ottone (rame-zinco), e viene adoperato come piastra per le celle elettrochimiche.

Questo nuovo incarico prevede la direzione delle squadre di operai soggette a turnazioni, il coordinamento delle loro attività, la pianificazione della qualità del prodotto e del servizio per un miglioramento continuo dei processi aziendali in termini di riduzione dei costi e di gestione delle risorse umane, da effettuare con la massima attenzione per la sicurezza, la salute individuale e collettiva e il rispetto dell'ambiente.

"... In reparto ci sono in totale circa 110 persone. È nostro interesse favorire le esigenze dei lavoratori, a livello umano e professionale. È importante realizzare un sistema incentrato

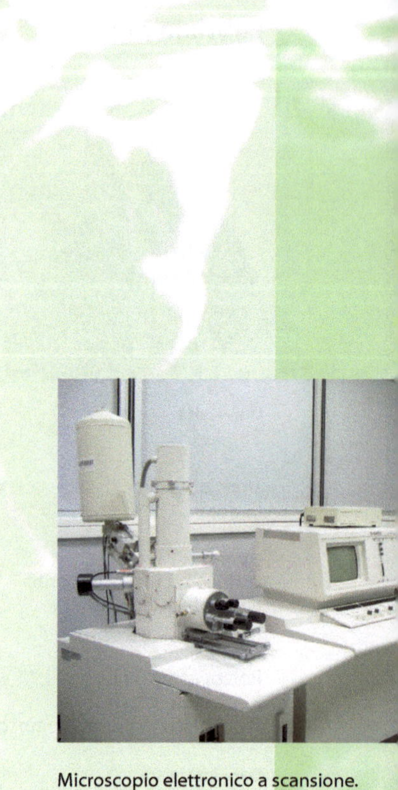

Microscopio elettronico a scansione.

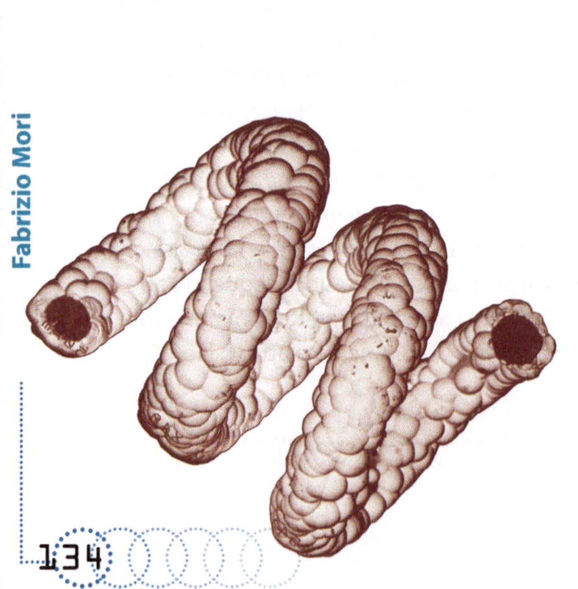

sul raggiungimento dell'obiettivo 'zero difetti': questo può avvenire solo se ogni dipendente si sente coinvolto e responsabilizzato per il miglior funzionamento di ogni attività..."

Collabora con il laboratorio chimico dell'azienda che effettua le *failure analisys* e studia, avvalendosi di strumentazioni avanzate come il microscopio ottico e quello elettronico, il funzionamento in esercizio dei componenti presi in esame.

A tal proposito Fabrizio segue un corso formativo per imprese, con il *placet* dell'azienda, sull'argomento "Tecniche sperimentali di caratterizzazione dei materiali", organizzato dal parco tecnologico Sardegna Ricerche presso l'Università di Cagliari e curato scientificamente dal corso di laurea in Scienza dei Materiali. Il corso era rivolto a tecnici dell'industria già operanti nei controlli di processo e di qualità dei prodotti per un'implementazione delle loro competenze da riportare nell'ambito della ricerca e sviluppo dell'azienda. L'attività formativa è stata articolata in due fasi: l'acquisizione dei fondamenti delle tecniche e l'apprendimento dell'utilizzo delle apparecchiature.

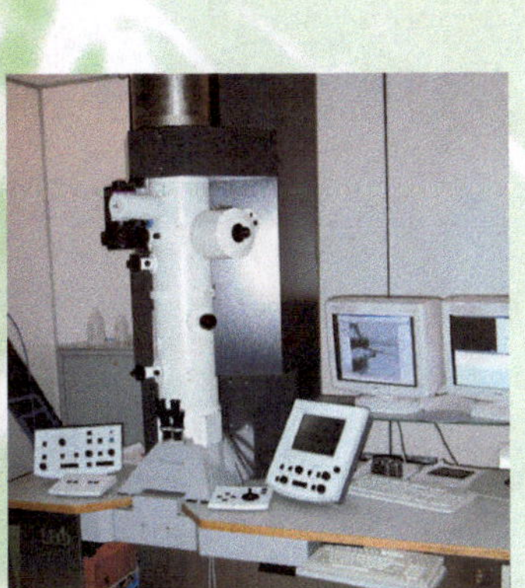

Microscopio elettronico a trasmissione.

"... Ho imparato diverse metodologie di lavoro e di analisi come l'uso dei microscopi elettronici. La microscopia elettronica a scansione[2] e quella a trasmissione[3] sono state applicate a casi di interesse aziendale. È stato un percorso che si è rivelato positivo dal punto di vista personale e della ricaduta professionale e mi concederà interventi operativi con livelli di affidabilità sempre maggiori..."

2. Il microscopio a scansione viene utilizzato per lo studio delle strutture superficiali dei materiali: per questa analisi un campione viene rivestito con una lamina di metallo, un fascio di elettroni colpisce tale strato venendo in seguito riflesso e catturato da un dispositivo che fornisce una visione tridimensionale del materiale stesso.

3. Il microscopio a trasmissione è adibito allo studio della struttura interna del materiale: il campione viene dunque tagliato in sezioni molto sottili e attraversato da un fascio di elettroni, il quale viene deviato da alcuni elettromagneti mettendo a fuoco l'immagine su uno schermo.

Sergio Picasso

Università
Genova

Titolo di studio
Laurea specialistica

Istituto scolastico
Istituto tecnico per perito chimico

Azienda/Ente
IIS - Istituto Italiano della Saldatura (Genova)
Fabbricazione mediante saldatura

Data intervista
9 dicembre 2009

Adora insegnare, è un'aspirazione che ha sin da piccolo. Quando nelle fantasie infantili si interpellava su "Cosa farò da grande?" la risposta immediata era "l'insegnante". Il sogno è stato coronato e a soli ventiquattro anni è uno dei docenti dell'Istituto Italiano della Saldatura (IIS) con sede a Genova.

"... Ci sono arrivato dopo aver vinto una borsa di studio di 11.000 euro che mi ha permesso di seguire un prestigioso master presso l'IIS..." Si tratta del corso *International Welding Engineer* che rappresenta il più alto livello di qualificazione previsto dall'EWF (European Welding Federation) e dall'IIW (International Institute of Welding) nel campo della saldatura. Sergio supera la selezione mentre frequenta l'ultimo anno della laurea specialistica in Scienza e Ingegneria dei Materiali presso l'Università di Genova.

Qualche anno prima, ottenuto il diploma tecnico per perito chimico, decide di continuare in questo settore desiderando evitare la focalizzazione su un'unica disciplina, e pertanto sceglie il corso di laurea in Scienza dei Materiali dove trova oltre alla chimica, molta fisica, matematica e informatica. Riferisce che l'esperienza didattica è stata ottima, sia per come era strutturato il corso sia per come era condotto grazie a professori estremamente competenti e disponibili: la parte teorica, molto intensa, unita alle attività di laboratorio, ha determinato un carico di studio impegnativo ma indubbiamente molto affascinante. Il periodo più pesante è stato soprattutto il secondo anno quando si sono affrontate le discipline caratterizzanti del corso, come la metallurgia e i materiali polimerici, materie non contemplate nei piani formativi della scuola superiore di secondo grado.

Passa quattro mesi all'Ilva S.p.A. della Riva Group, uno dei maggiori complessi industriali per la produzione e la trasformazione dell'acciaio in Europa e nel mondo, per preparare il lavoro di tesi operando nell'unità produttiva di Genova. Durante lo stage visita anche gli stabilimenti del gruppo che si trovano nel territorio (Varzi, Novi Ligure) e produce, con la supervisione del tutor interno all'azienda, una tesi prettamente sperimentale dal titolo *Determinazione del campo di saldabilità dell'acciaio dolce: influenza dello strato di passivazione*,[1] studiando l'influenza dei nuovi passivanti,[2] quelli a base di cromo trivalente o di titanio, sulla saldabilità di lamiere sottili per l'impiego automobilistico.

Presa la laurea triennale inizia a tempo pieno la specialistica, passa quindici esami; durante il primo semestre del secondo anno tiene gli ultimi cinque tra i quali quello di "Tecnologie speciali 1", il cui programma si basa sull'analisi delle tecnologie e delle problematiche del processo di saldatura. Il superamento di quest'ultimo esame gli consente l'accesso ad una selezione per ottenere una borsa di studio, che come già abbiamo appreso Sergio ottiene, per frequentare il master *International Welding Engineer* presso l'Istituto Italiano della Saldatura. È un corso avanzato di circa cinquecento ore strutturato in vari moduli, teorici e pratici, riguardanti la tecnologia della saldatura, metallurgia e saldabilità, progettazione e calcolo, fabbricazione e aspetti applicativi.

"… Ho cominciato a seguire il master, che ancora frequento, con grande soddisfazione, ho conosciuto i docenti che trattavano le varie materie e gli argomenti specifici. Un elemento di scelta durante la selezione è stato l'interesse da parte dell'Istituto ad un futuro inserimento del vincitore nell'azienda. Questo è fortunatamente accaduto ed adesso sono anch'io un docente dell'IIS…"

Alla fine della seconda settimana del corso Sergio viene convocato, sostiene vari colloqui per verificare che le sue competenze siano aderenti agli scopi dell'Istituto; gli incontri proseguono per un paio di mesi, anche con il capo del perso-

1. La passivazione è uno dei metodi più efficaci per la protezione dei materiali dal degrado ambientale. La tecnica è quella dell'applicazione in superficie di film di materiali resistenti alla corrosione che isolino il metallo base al contatto diretto con l'ambiente.
2. I passivanti per gli acciai sono i prodotti acidi e fortemente ossidanti che risultano in grado di decontaminare le superfici da inquinamento di ferro e produrre uno strato di ossido di cromo più compatto ed omogeneo di quello che si produrrebbe per semplice contatto con l'aria.

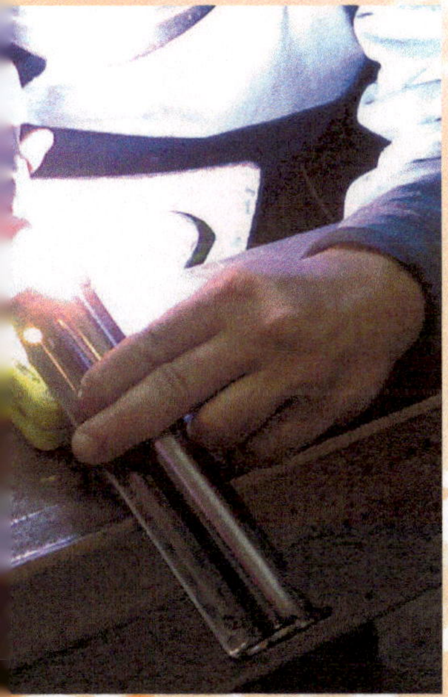

nale; nel mese di luglio decidono di assumerlo: egli prende servizio dal primo settembre 2009.
"... Non avevo ancora elaborato la tesi specialistica. In questi tre mesi l'ente mi ha molto supportato affinché potessi concludere la laurea specialistica, concedendomi parecchi permessi. Ho svolto nuovamente il lavoro di tesi all'Ilva: un progetto molto innovativo dal titolo *Nuovi concetti di metallurgia di acciai Q&P Quenching and Partitioning*. È stata una delle prime tesi in Europa su questo argomento..."
Sergio spiega che gli acciai in questione non sono ancora stati sviluppati a livello industriale in nessuna parte del mondo; solo in Corea se ne producono circa cinquanta tonnellate ma unicamente in via sperimentale, a livello di studio. Sono acciai poco costosi che potranno essere utilizzati nei prossimi anni in campo automobilistico come sostitutivi di quelli già esistenti in quanto consentono delle prestazione meccaniche molte elevate, e soprattutto sono molto convenienti sotto l'aspetto della sicurezza: durante un urto, causato per esempio da un incidente stradale, riescono ad assorbire una quantità di energia molto maggiore rispetto agli acciai attualmente in uso. Sono ulteriormente vantaggiosi perché più economici: a livello ambientale infatti contengono solo silicio e manganese rispetto ad altre classi di acciai i quali hanno sostanze più preziose come il niobio.
Sergio è inserito nel gruppo PND impegnato nella formazione degli operatori addetti alle prove non distruttive. L'Istituto Italiano della Saldatura si dedica da oltre cinquant'anni alle attività di controllo non distruttivo e diagnostica in campo, su grandi costruzioni e impianti come ponti, edifici, piattaforme *offshore*, installazioni chimiche, petrolchimiche e di produzione dell'energia. Il settore PND organizza i corsi, presso le sedi dell'Istituto o nelle varie aziende, per insegnare al personale sia a livello teorico che pratico come eseguire i controlli non distruttivi sui materiali metallici in modo da verificare se un materiale debba essere posto o no in esercizio, se sia ancora possibile la sua utilizzazione oppure se abbia raggiunto la fine della propria vita. "... Io mi occupo principalmente tra

tutti i metodi, che sono sette, di quello riconosciuto dagli esperti come il più difficile: il controllo non distruttivo con ultrasuoni. È molto complesso a livello di interpretazione sperimentale e pertanto ancora non lo insegno direttamente. Al momento affianco il docente che da trentacinque anni insegna questa tecnica di controllo. Da gennaio/febbraio 2010 mi saranno affidati parte dei corsi in prima persona, fino a raggiungere la piena autonomia, anche per quanto riguarda le dimostrazioni pratiche, nei mesi successivi..." Allo stesso tempo già tiene in completa indipendenza gli insegnamenti più di base come quello sulla metallurgia, argomento che ha caratterizzato i cinque anni del percorso universitario. Sergio conferma che le conoscenze acquisite nel corso di laurea si sono dimostrate ottime per l'occupazione che sta svolgendo; ritiene altresì che, rispetto ad un ingegnere meccanico, ha sicuramente avuto più problemi nella fase di progettazione, ma per quanto riguarda la metallurgia, uno degli argomenti da lui insegnati, ha verificato di possedere un bagaglio di conoscenze più esteso e maggiormente approfondito. "... All'università su cinquanta esami ne ho prodotti circa venticinque di metallurgia. Inoltre nei primi tre anni ho studiato tanti argomenti di fisica e quindi riesco ad affrontare anche gli ultrasuoni, a livello teorico, senza grandi difficoltà..."

A conclusione dell'intervista Sergio ribadisce che non ha alcun rimpianto, dovendo tornare indietro non cambierebbe nulla: "... il percorso ha permesso l'armonizzazione degli elementi peculiari dello scienziato con quelli dell'ingegnere, avendo nel mio caso frequentato un corso interfacoltà. Si conciliano i due punti di vista. È inoltre consentita l'iscrizione all'albo degli ingegneri industriali (così come per gli ingegneri meccanici o chimici), la qual cosa può essere un grande vantaggio in alcune situazioni..."

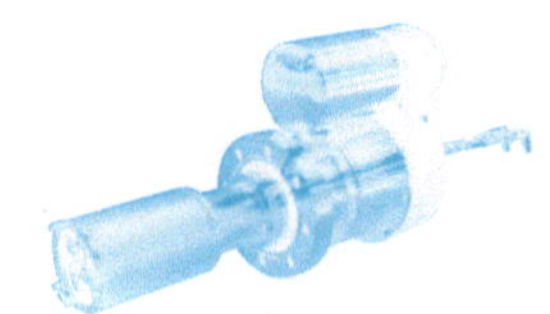

Eleonora Conterosito

Università
Piemonte Orientale

Titolo di studio
Dottorato di ricerca

Istituto scolastico
Liceo scientifico

Azienda/Ente
Università del Piemonte Orientale - Dipartimento di Scienze e Tecnologie Avanzate
Ricerca

Data intervista
23 febbraio 2010

Il sogno nel cassetto di Eleonora è quello di continuare a fare ricerca nel sistema scientifico italiano, pubblico o privato. Fare ricerca in quanto valore in sé, da proteggere e promuovere per lo sviluppo culturale, economico e sociale del nostro paese, e altresì come origine di nuove idee e ulteriori progressi nella conoscenza. Ella desidera contribuire con la propria dedizione, attenzione e curiosità nello sviluppo di nuove tecnologie, prodotti e processi che possano essere trasferiti al sistema produttivo nazionale.

Alla fine del 2006 Eleonora è una studentessa al terzo anno di corso della laurea in Scienza dei Materiali, presso l'Università degli Studi del Piemonte Orientale: qui si avviano le prime azioni che le consentiranno di immergersi con determinazione nel vortice rapido, circolare e continuo delle conoscenze tecniche e scientifiche, degli approcci metodologici e delle applicazioni. Trascorre il tirocinio per il lavoro di tesi alla Degussa Novara Technology, nella sede di Novara del gruppo chimico tedesco specializzato nella produzione di materiali vetrosi e fibre ottiche prodotti con la tecnica sol-gel,[1] che si presta alla realizzazione di oggetti stampati per molteplici usi in campo tecnologico (ad esempio lenti) oppure di *coating*, ossia rivestimenti per dare particolari caratteristiche alle superfici.

"... Si è trattato di una tesi di ricerca pura, dal titolo *Studio e caratterizzazioni di film sol-gel con proprietà di protezione delle materie plastiche*, con future probabili applicazioni. Mi sono concentrata sullo studio di film protettivi per materiali plastici, in particolare per la protezione del policarbonato[2] dai raggi UV. Il mio giudizio sull'esperienza è certamente molto posi-

1. Con questa tecnica si ottengono vetri di elevata purezza: il sol è la sintesi di una soluzione colloidale di silice che, versata in uno stampo, genera un gel, il quale trattato chimicamente ed essiccato, diventa un solido molto poroso. Quest'ultimo si trasforma in vetro ultrapuro con un ulteriore trattamento in forno, ad elevate temperature.
2. È un polimero termoplastico caratterizzato da buone proprietà meccaniche ed elettriche, trasparente, insensibile all'azione dell'acqua, della luce e degli agenti atmosferici. Per le sue complesse proprietà le sue applicazioni sono molteplici: parti di automobili, fabbricazione delle lastre infrangibili per vetri di sicurezza, facciali per caschi, elmetti protettivi, elettrodomestici, computer, lenti degli occhiali, apparecchi sanitari, ecc.

tivo. Il mondo dell'azienda è sostanzialmente diverso da quello dell'università: si comprende rapidamente la differente mentalità che viene utilizzata nella ricerca, la quale nell'industria privata è necessariamente finalizzata ad uno scopo immediato..."

Eleonora si laurea ed il centro tecnologico tedesco le propone di restare per un ulteriore anno con una borsa di studio per avviamento alla ricerca. Ella accetta ed il suo lavoro di ricerca si focalizza sui materiali vetrosi massivi, veri e propri vetri. Si occupa della caratterizzazione dei prodotti della Degussa anche con l'obiettivo di realizzare le schede tecniche dei vari vetri di silice prodotti e fornire tutte le informazioni tecnico-scientifiche ai clienti interessati dell'azienda, la quale propone ad Eleonora il rinnovo del contratto; questa volta esso viene però rifiutato per privilegiare lo studio universitario. Si iscrive alla laurea specialistica in Chimica Applicata della medesima università: il corso si tiene nella sede di Alessandria, a 70 km di distanza da Novara dove ella vive. Sono due anni di studi intensi e di sacrifici dovuti alla distanza geografica che ogni giorno deve sostenere. Elabora la tesi della specialistica nei laboratori del DiSTA (Dipartimento di Scienze e Tecnologie Avanzate), la quale concerne la risoluzione di strutture attraverso la diffrazione di raggi X.

"... Ho studiato due tipi diversi di materiali: uno di essi riguardava l'impiego di idrotalciti[3] per il rilascio modificato di farmaci. L'intercalazione[4] del farmaco all'interno dell'idrotalcite permette infatti di immagazzinarlo e rilasciarlo in seguito in particolari condizioni..."

Questo tipo di intercalazione conferisce delle proprietà particolari al farmaco offrendo validi ed innovatovi vantaggi, quali la sua stabilizzazione, l'aumento della velocità di assorbimento gastrico con contemporanea protezione della mucosa (effetto

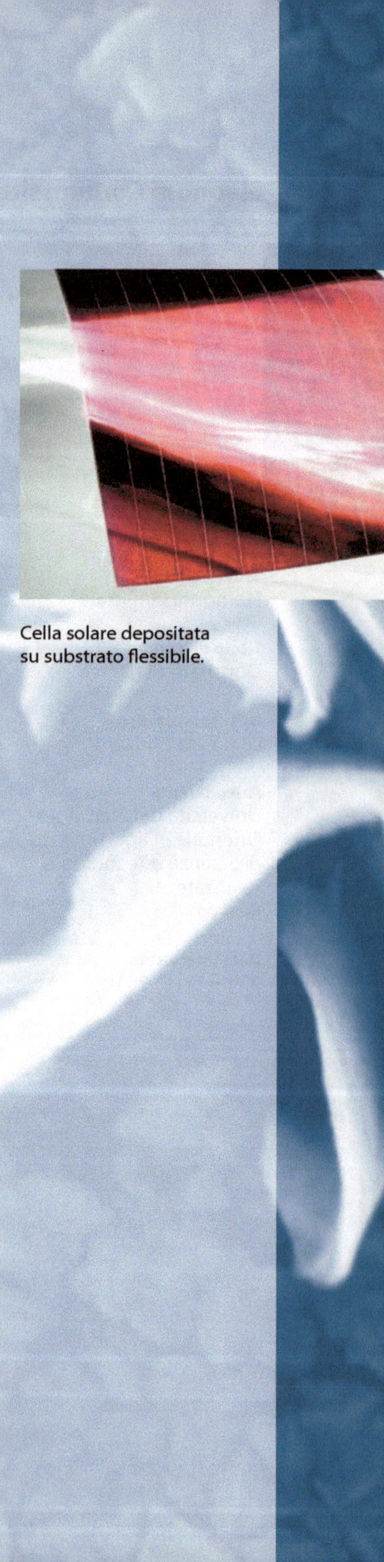

Cella solare depositata su substrato flessibile.

3. L'idrotalcite è il minerale, di colore bianco o bruno, con lucentezza madreperlacea, idrossido-carbonato idratato di magnesio e alluminio, trigonale. È sostanzialmente un tipo di argilla.

4. L'intercalazione è un'inserzione reversibile di una specie ospite (*guest*) nella regione interstrato di un composto lamellare ospitante (*host*).

antiacido) e il rilascio modificato a livello buccale ed intestinale. Le industrie farmaceutiche sono potenzialmente interessate alla sua applicazione dal momento che la preparazione è relativamente semplice e poco costosa.

"... Ho indagato il risultato dell'intercalazione e la struttura che si origina dall'unione dell'idrotalcite e del farmaco. Il titolo della tesi era *Studio e caratterizzazione di materiali ibridi organici ed inorganici a base di zinco...*"

Una volta conclusa la laurea specialistica, Eleonora partecipa al concorso per l'ammissione al dottorato di ricerca in Scienze Chimiche; vince una borsa e si assicura in tal modo, per tre anni, un'attività di alta formazione.

Inizia il dottorato a novembre del 2009 restando nello stesso gruppo di ricerca e continuando le tematiche intraprese nel periodo della tesi. "... Attualmente mi occupo di due filoni di ricerca: il primo riguarda farmaci intercalati in una matrice di idrotalcite, il secondo lo studio dei coloranti per le celle solari di terza generazione a colorante organico (o organometallico) dette DSSC (Dye Sensitized Solar Cells)..."

Le DSSC sono classificate come celle fotoelettrochimiche in quanto, a differenza delle tradizionali celle solari al silicio, la conversione della radiazione solare avviene mediante l'assorbimento di quest'ultima da parte di un colorante intimamente legato ad un semiconduttore, ossia per mezzo di una reazione elettrochimica. Questi dispositivi sfruttano sistemi e tecnologie di fabbricazione più semplici e flessibili rispetto a quelli legati alla produzione del silicio. Inoltre una cella DSSC può operare anche in condizioni di luce limitata, ad esempio con un cielo nuvoloso, e non richiede un angolo di inclinazione stabilito all'atto dell'installazione, come avviene per i pannelli al silicio. Ciò consente di ampliare gli ambiti di impiego alle autovetture, tensostrutture e perfino alle vele di imbarcazioni. Infine è una tecnologia che permette, a parità di rendimento, la conversione solare in energia elettrica a costi decisamente più bassi rispetto ai dispositivi al silicio attualmente in commercio.

"... Spero di poter continuare a svolgere le attività che hanno contraddistinto gli ultimi anni della mia vita. La capacità di concentrazione che sostiene il mio lavoro è un dono, a mio parere in parte legato allo studio del pianoforte, passione che coltivo da quando ero piccola..."

Moduli di celle solari a base di silicio.

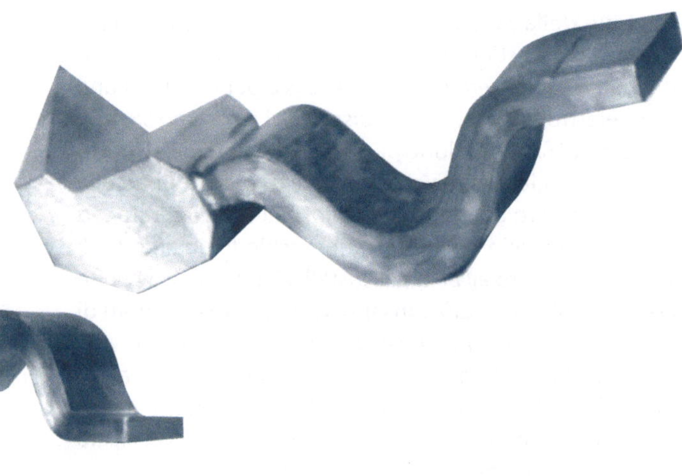

Silvestro Stendardo

Università
Bari

Titolo di studio
Laurea

Istituto scolastico
Istituto tecnico chimico biologico

Azienda/Ente
Micron Technology Italia (Avezzano, L'Aquila)
Dispositivi a semiconduttore, sensori di immagine

Data intervista
18 dicembre 2009

Silvestro crede in una formazione utile ed incisiva, incentrata sullo sviluppo della persona, sull'analisi dei bisogni, dei desideri e della voglia di imparare dell'individuo e che dia luogo alla sua crescita professionale favorendo la motivazione. Formazione, in termini di apprendimento, cambiamento e possibilità, che conduca a salti di qualità dell'azienda e del lavoratore. Egli confida in un agire formativo per la vitalizzazione dell'impresa e dei suoi dipendenti; in un modello di organizzazione socio-tecnica integrato con il *business* aziendale; in un sistema gerarchico dove il leader riconosciuto abbia una gestione unitaria degli obiettivi, delle conoscenze e delle risorse umane.

Silvestro ha recentemente affrontato questi argomenti con il responsabile della Micron Technology Italia, l'azienda dove lavora dal 2007, che ha il compito di valutare le performance dei dipendenti. "… Voglio evitare il rilassamento da demotivazione. Auspico una mia nuova configurazione che comporti l'assunzione di maggiori responsabilità. Ho la necessità di nuovi stimoli…"

Egli si forma presso l'Università degli Studi di Bari, segue il corso di laurea in Scienza dei Materiali e passa il tirocinio per la tesi nei laboratori dell'INFN della medesima città: sei mesi per portare avanti un progetto, guidato da un gruppo di ricercatori di chimica analitica, riguardante lo sviluppo e l'applicazione di tecniche separative e innovative in campo analitico e bioanalitico, attraverso la messa a punto della metodologia di frazionamento in campo-flusso (FFF) per la separazione e caratterizzazione di macromolecole di interesse biologico (proteine, cellule, batteri).

"… La ricerca aveva scopi applicativi in ambito biomedicale. Cito una situazione: se abbiamo una soluzione biologica con un ceppo di virus, ad esempio A, B e C, con questa tecnica possiamo andare a frazionare la soluzione dividendo i virus A, B e C. Si inietta all'interno di un canale un certo quantitativo della soluzione con un flusso di solvente verticale al flusso longitudinale della soluzione biologica, in modo tale da separare i tre

virus sfruttando le loro proprietà fisiche. Se i tre virus hanno dimensioni differenti avremo in tre punti diversi della membrana il virus A, B e C in quanto il loro decadimento, date le dimensioni diseguali, avverrà in maniera dissimile…"
Silvestro consegue la laurea triennale nel dicembre del 2005. Come tutti i neolaureati intenzionati a trovare subito un impiego, invia il proprio curriculum a parecchie aziende e tiene qualche colloquio, sebbene non si giunga a nulla di concreto. È un ragazzo pragmatico che detesta l'inattività: si iscrive alla specialistica, dà ripetizioni a domicilio e sostiene qualche esame. La fortuna gira dalla sua parte e a dicembre del 2006 riceve la chiamata dalla Micron Technology Italia. Dopo varie interviste ed incontri con i dirigenti aziendali entra, di lì a poco, a far parte della multinazionale americana con un contratto di apprendistato della durata di due anni, che prevede un duplice percorso formativo: uno nell'azienda con corsi tenuti da tecnici ed esperti interni, l'altro esterno, curato da strutture di formazione regionali, sui temi della sicurezza, aspetti legali del contratto, comunicazione e normative varie.
"… È stata un'ottima opportunità che mi ha realmente formato soprattutto per merito dei tutor aziendali. A dicembre del 2008 ho firmato un contratto a tempo indeterminato che mi ha introdotto nel mondo dei sensori di immagine a tecnologia CMOS prodotti dalla Micron Technology Italia, a partire dal 2005, nello stabilimento di Avezzano…"
I sensori di immagine CMOS sono dei dispositivi in grado di catturare immagini e di convertirle in fotografie o video. Nel sito italiano la Micron produce anche memorie DRAM e progetta memorie NAND Flash, ovvero congegni presenti in moltissime delle apparecchiature elettroniche ed informatiche di uso quotidiano, come computer, televisori, macchine fotografiche digitali, telefoni cellulari e giochi elettronici. Anche nel settore automobilistico la tecnologia dei sensori di immagine ha una funzione efficace: permette una guida più percettiva, favorisce una visualizzazione intuitiva della vista anteriore o di quella posteriore e consente al conducente di agire di conseguenza.

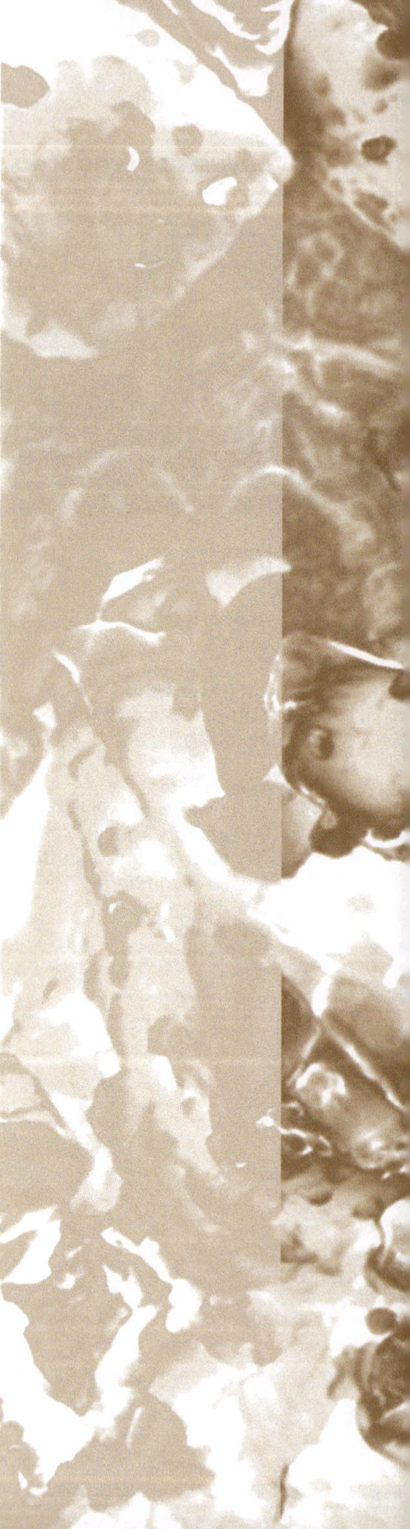

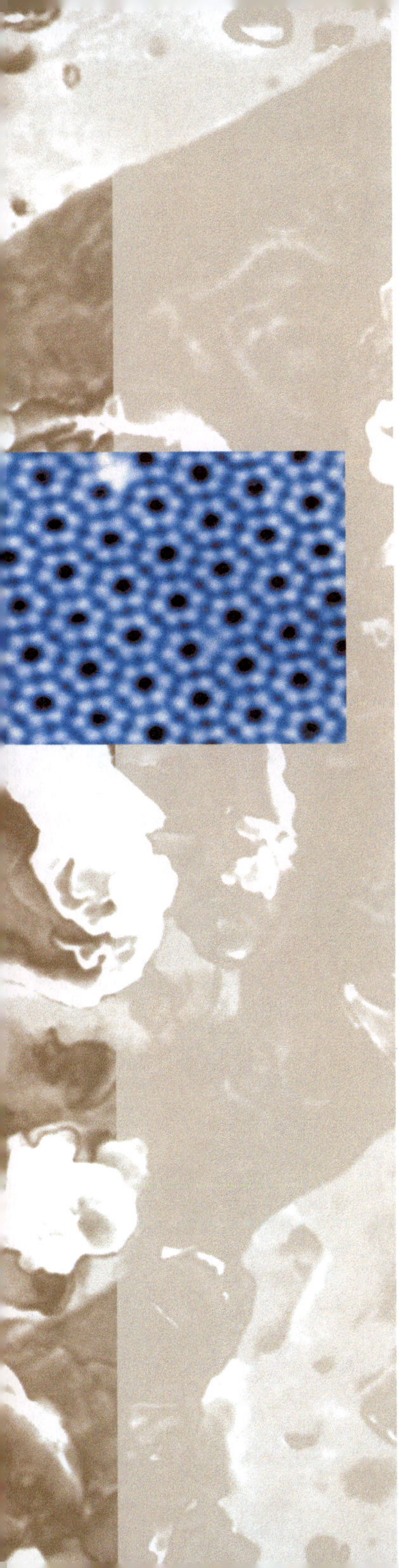

La gamma di sensori per le immagini CMOS della Micron trova impiego in un ampio ventaglio di applicazioni che spaziano dal settore automobilistico a quello biomedicale (ad esempio per la gastroscopia), commerciale, industriale, della sorveglianza e dei dispositivi ad alta velocità.

"... All'interno dell'azienda c'è una catena di produzione: il mio reparto ha la funzione di controllare la qualità dei prodotti. Ci occupiamo fondamentalmente di misure di spessori e di profili, e della ricerca di difetti. Quando parliamo della misurazione di spessori e di profili ci riferiamo a misure dell'ordine del micron (10^{-6} metri, ossia 0,000001 m), del nanometro (10^{-9} metri = 0,000000001 m), dell'angstrom (10^{-10} metri = 0,0000000001 m). Per quanto riguarda i profili, andiamo proprio ad osservare quelli di uno scalino, un diodo, un transistor. Quando ragioniamo di fotocamere di dieci megapixel, ci riferiamo a dieci milioni di transistor all'interno di mezzo centimetro quadrato. Penso che questo possa far riflettere di quali misure stiamo trattando..."

Silvestro elabora anche dei programmi finalizzati al corretto funzionamento delle attrezzature tecniche di produzione e adotta procedure adeguate e preventive per la loro regolare manutenzione.

"...La mia performance è stata valutata ottima. Questo ovviamente mi lusinga, ma in questa fase non mi appaga. Desidero crescere e avere maggiori incentivi professionali. Sono disposto a mettermi in gioco con tutto me stesso..."

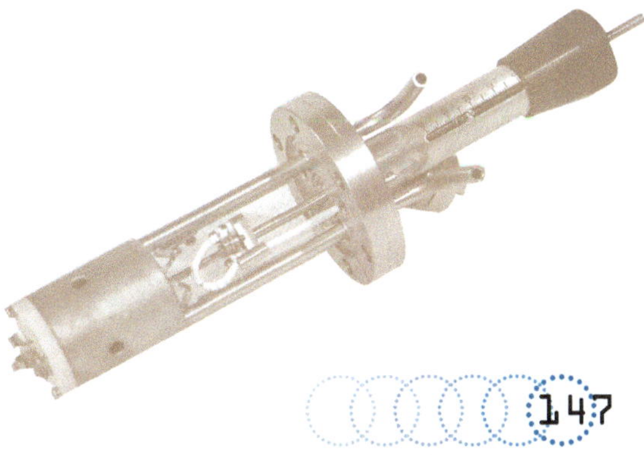

Antonello Rizzo

Università
Tor Vergata, Roma

Titolo di studio
Laurea

Istituto scolastico
Liceo scientifico

Azienda/Ente
Università di Roma Tre
Dipartimento di Fisica
Ricerca

Data intervista
4 novembre 2009

Indagine chimico-fisica su un dipinto in restauro presso l'Istituto Superiore per la Conservazione e il Restauro (Roma).

Si potrebbe dire che Antonello ha sempre avuto nel sangue la passione per i laboratori e quindi non è assolutamente casuale che questo ambiente sia diventato il luogo dove svolge da quattro anni la propria professione, presso il Dipartimento di Fisica dell'Università di Roma Tre. Egli è un ricercatore tecnologo, con un contratto non ancora stabile ma che si spera presto lo diventi.

La sua occupazione è quella di mantenere funzionanti due distinti laboratori curando le varie apparecchiature e partecipando anche all'attività sperimentale del gruppo di ricerca. Nel primo si fa spettroscopia fotoelettronica a raggi X, tecnica utilizzata per sondare le superfici dei materiali, la quale consente di conoscere gli elementi chimici che compongono la superficie e determinarne lo stato di legame. Si eseguono in aggiunta vari tipi di misure e si utilizzano diverse sorgenti e analizzatori all'interno di una camera sperimentale portata in UHV (ultra-alto-vuoto) con l'impiego di differenti sistemi di pompaggio.

Nel secondo laboratorio si fa progettazione e in questo periodo si sta studiando il modo di realizzare una sorgente a raggi X: Antonello è coinvolto sia nelle operazioni di vera e propria elaborazione del progetto sia in quelle di carattere più esecutivo come la produzione di disegni e simulazioni.

Egli è stato selezionato per ricoprire questo incarico subito dopo la laurea triennale in Scienza dei Materiali conseguita nell'Università di Roma Tor Vergata, dove giunge nel 2000 attirato principalmente dalle attività di laboratorio e dalle tecniche di indagine descritte nel progetto formativo del corso. Segue diligentemente tutti gli insegnamenti ed i laboratori riuscendo a mantenere il ritmo degli esami con soddisfacente regolarità benché impegnato in piccoli lavori part-time di varia tipologia, i quali gli garantiscono un'indipendenza economica. Antonello è soddisfatto della formazione universitaria ricevuta, che gli ha permesso un tranquillo inserimento in un gruppo di ricerca in fisica. Egli è confortato dalla quantità di conoscenze acquisite e che, adeguatamente valorizzate, gli hanno consentito di condividere e comprendere il linguaggio scientifico

utilizzato dai colleghi fisici. Attribuisce l'acquisizione di questa capacità certamente ai contenuti dei corsi frequentati e che giudica, a distanza di parecchi anni, completi, mai banali o superficiali, ben piantati sulle basi della chimica, della fisica e della matematica. Antonello lo espone chiaramente: "... il corso di laurea è sicuramente valido e mi ha consentito di entrare in un dipartimento universitario di ricerca in fisica, di interagire con i colleghi fisici senza problemi, anche se in possesso di una diversa formazione che al momento opportuno, se lo si desidera, può essere potenziata ed approfondita in quanto si possiedono le corrette metodologie di approccio".
È sicuramente soddisfatto del lavoro che svolge, si sente utile, considera il suo contributo prezioso per gli altri componenti del gruppo, per le ricerche che sono in campo e per l'attività di progettazione di apparecchiature. A tal proposito narra di un progetto europeo in cui tre università e tre aziende sanitarie collaborano attivamente per la realizzazione di una sorgente a raggi X ad alta brillanza portatile, la quale utilizza un catodo di nanotubi e che dovrebbe avere un uso in ambito medico. Questa apparecchiatura, una volta messa a punto, sarà brevettata e gli enti coinvolti, pubblici e privati, auspicano la produzione di questo prodotto. Il contributo del gruppo di ricerca romano consiste nella realizzazione di una specifica parte della sorgente, ossia quella dell'*electron gun*, il componente elettrico che produce un fascio di elettroni, che ha un'energia cinetica precisa ed è anche la parte fondamentale di tutto l'apparecchio. Loro hanno disegnato e simulato la geometria da sviluppare ed ora hanno concretizzato il prototipo.
I laboratori in cui Antonello opera sviluppano apparecchiature che nella maggior parte dei casi sono il risultato di interventi precisi e puntuali, portati avanti in modo artigianale e senza il contributo di ditte specializzate. La loro manutenzione è spesso curata senza l'ausilio di manuali *ad hoc* da consultare, ma grazie ad una costante attività di studio, lettura degli articoli in letteratura, test e verifiche continue.

Electron gun.

In coda all'intervista, racconta l'esperienza del tirocinio vissuta in occasione del lavoro di tesi.

Essa è durata quattro mesi presso il Centro Nazionale di Restauro a Roma dove ha elaborato le analisi delle resini finali polimeriche utilizzate nell'ambiente del restauro e stese soprattutto sui dipinti per la loro protezione.

Lo studio ha previsto inoltre delle misure di lucentezza perché la resina induce anche un effetto visivo all'opera e pertanto la sua importanza è di carattere estetico oltre che di protezione.

Ha effettuato delle misure di FTIR (Fourier Transform Infrared Spectroscopy) avendo in uso uno spettrometro FTIR e un colorimetro: ha generato dei campioncini con queste resine che poi ha analizzato verificandone le variazioni cromatiche subite in seguito al processo di invecchiamento con lampada UV.

Ha pure eseguito misure di calorimetria TGA (Termogravimetria) e DSC (Calorimetria Differenziale a Scansione) con termobilancia. "... È stato uno studio interessante e l'ambiente di lavoro molto stimolante: mi sarebbe piaciuto restare. Sicuramente avrei reso felici i miei genitori che sono entrambi insegnanti di storia dell'arte".

Federico Marongiu

Università
Torino

Titolo di studio
Laurea

Istituto scolastico
Istituto tecnico chimico biologico

Azienda/Ente
FGA (Torino)
Automotive

Data intervista
6 maggio 2010

"... Nel settembre 2003 sono arrivato in Fiat Auto. Nel corso di questi sette anni la mia esperienza professionale ha rilevato notevoli cambiamenti: ho smesso di fare ricerca e svolgo un lavoro più manageriale, orientato al controllo ed alla gestione dello sviluppo di nuovi componenti. In questo momento sono responsabile di progetto per l'ampliamento delle vetture destinate all'estero. Ho lavorato per la Turchia, interagisco con i paesi del *Far East*, India e Cina, e coordino un team di persone le cui attività sono riservate allo sviluppo dei componenti vettura finalizzato al lancio di nuovi progetti/veicoli..."
Questa è una concisa descrizione di quanto realizza Federico attualmente, avendo in tasca una laurea triennale in Scienza dei Materiali conseguita presso l'Università di Torino. Prima ancora aveva frequentato un istituto professionale, il cui naturale sbocco sarebbe potuto essere quello di divenire un tecnico di laboratorio chimico-biologico. Questo non accade e qui difilato narriamo gli eventi che hanno marcato l'evoluzione occupazionale del nostro protagonista.
Dopo la laurea Federico trascorre un paio di anni presso un laboratorio di metallurgia dell'Università di Torino, beneficiando di una borsa di studio INFM (Istituto Nazionale per la Fisica della Materia) che prevede una dinamica cooperazione con una industria privata, la Teksid: le fonderie del gruppo Fiat. In questo luogo egli svolge una ricerca di tipo applicativo in un progetto focalizzato sulla caratterizzazione di materiali e formulazioni innovative per nuove ghise. Si attiva anche riguardo la definizione del processo produttivo industriale e dei componenti generati con questo materiale, il cui settore di riferimento è quello dell'*automotive*. "... Progressivamente ed irreversibilmente la pratica ha modificato le mie azioni: all'inizio esse erano maggiormente legate alla caratterizzazione dei materiali e all'elaborazione dei principi del sistema di controllo del processo per la produzione industriale. Con il salto nella concretezza produttiva ho affrontato una sperimentazione più intensa rispetto a quella svolta nei laboratori del dipartimento e ho chiuso il cerchio: le conoscenze teoriche-scientifiche apprese all'università

mi hanno consentito di raggiungere più speditamente quelle tecnologiche-applicative, dentro l'azienda…"

Federico non prosegue con la laurea specialistica in quanto la Teksid formula per lui una proposta di assunzione e dal primo gennaio del 2001 egli entra nella sezione Ricerca e Sviluppo della società torinese, dove lavorerà per oltre tre anni. Alla Teksid egli continua quanto avviato con la borsa INFM in un evidente contesto industriale, energicamente applicativo, e non abbandona i rapporti con l'università. "… Seguivo i tesisti che il corso di laurea in Scienza dei Materiali inviava per lo stage: insieme abbiamo prodotto varie pubblicazioni, è stato un bell'esercizio formativo. Ho assistito in prima persona un paio di laureandi, uno dei quali è rimasto nell'ambiente della fonderia e lavora in un'azienda di media grandezza: ha continuato a fare ricerca in una situazione privata, come il sottoscritto…"

Purtroppo il comparto della fonderia inizia ad avere delle difficoltà, si determina un calo nella produzione delle fonderie italiane e iniziano le riorganizzazioni aziendali, nelle quali l'ambito della Ricerca e Sviluppo è malauguratamente uno dei primi ad essere colpito. Federico non si rassegna e prende in considerazione altre realtà nelle quali esprimersi. "… Mi sarei potuto giocare la carta dell'estero, conoscendo i processi produttivi dell'Asia e del Sud America, negli stabilimenti del gruppo. Questo perché il settore Ricerca e Sviluppo fa *service* per tutti gli impianti aziendali e, quando arriva la chiamata, si parte per dare una mano. Mi sono invece spostato alla Fiat Auto, nell'area dei sistemi motore. In Fiat, la direzione tecnica è per l'appunto ripartita in aree con la responsabilità di sviluppo su precisi insiemi funzionali di componenti veicolo. Io lavoro in quella dei sistemi motore e mi occupo del potenziamento degli apparati relativi al funzionamento del motore: i sistemi di alimentazione, aspirazione aria, raffreddamento e scarico motore. Il mio gruppo predispone ed integra la progettazione di questi dispositivi per le nuove vetture dirette al segmento estero…"

Federico reputa che lo studio e la conoscenza dei materiali siano stati fondamentali per il suo attuale impiego; le nozioni

tecniche riguardo il loro comportamento nelle svariate condizioni di utilizzo sono cruciali per selezionarne l'impiego nella componentistica: ciò è indispensabile per la messa a fuoco e diagnosi delle problematiche da affrontare e più in generale per tutta la progettazione. "... Sono persuaso che la preparazione di base ricevuta mi abbia permesso una sollecita integrazione in un ambiente che non era propriamente il mio e che ignoravo. Prima di entrare in Fiat non sapevo nulla dello scarico o di aspirazione, non possiedo neppure una macchina, sono un motociclista. Il corso di studio che ho seguito ha favorito lo sviluppo di una mentalità aperta, curiosa, molto elastica, votata alle contaminazioni..."

In questo momento la squadra diretta da Federico comprende tre persone in Italia, due in India, due in Turchia e a brevissimo tre in Cina. È una sinergia tra individui che si incontrano sia virtualmente, sfruttando tutte le moderne tecnologie di comunicazione, sia realmente, quando gli spostamenti si rendono indispensabili.

"... Lo scorso anno per via della crisi abbiamo sospeso molti sviluppi e ho viaggiato poco. Il 2008 è stato invece un anno molto intenso: abbiamo attivato un nuovo polo produttivo in India ed ero fuori con una media di due/tre settimane ogni due mesi. I ritmi nel 2010 si stanno riaccendendo e probabilmente ci sarà parecchio lavoro in Cina, in un prossimo futuro. L'Asia sarà sicuramente la meta dei miei viaggi venturi. Ci potrebbe essere anche un programma in Russia, ma l'avvio non è ancora certo..." Federico non ha la macchina, ma ha la valigia frequentemente in mano, sempre pronta per partire.

Se dovesse infilare nella sua valigia un materiale, quale sceglierebbe? "... Non fosse altro perché ci sono molto affezionato, direi la ghisa. È spesso considerata una lega scontata, un materiale del quale si conosce tutto. Questa è una falsità giacché è una delle leghe metalliche più complesse, ancora alquanto difficile da trattare. Inoltre è legata alla fonderia, in cui ho mosso i primi passi, un settore che ha ancora un forte potenziale da svelare in termini di innovazione, produzione e risorse umane qualificate..."

Valerio Zanchetta

Università
Cagliari

Titolo di studio
Laurea

Istituto scolastico
Istituto tecnico industriale

Azienda/Ente
CSC - Computer Science Corporation (Praga)
Fornitura hardware e software

Data intervista
21 dicembre 2009

"... Mi considero momentaneamente prestato all'informatica. Lavoro da oltre un anno a Praga, nella Repubblica Ceca, nella società CSC (Computer Science Corporation), la quale si occupa della fornitura di *hardware* e *software* ad aziende dislocate in tutto il mondo. Assistiamo i nostri clienti anche per le problematiche di natura tecnica e gestiamo gli *account* personali dei dipendenti..."

In che modo Valerio giunge a Praga? Grazie ad una borsa di studio Erasmus che gli consente di passare sei mesi nella capitale ceca per l'elaborazione del proprio progetto di tesi e il conseguimento della laurea triennale in Scienza dei Materiali. Tre anni prima presso l'Università di Cagliari si iscrive a tale corso, che gli permette di iniziare una collaborazione scientifica con l'Università di Praga, dove Valerio si inserisce in un gruppo di ricerca focalizzato sullo studio delle proprietà chimico-fisiche e della caratterizzazione di sottili strati di TiO_2; essi sono ottenuti tramite la tecnica del sol-gel e applicati su supporti di materiale metallico e non metallico. "... Ho studiato gli effetti che il supporto induce nella degradazione di AO_7 in ambiente acquoso tramite fotocatalisi con TiO_2..."

La fotocatalisi, attivata dalla luce UV, viene definita come un processo di ossidazione radicalica dei composti organici che ha luogo sulla superficie del catalizzatore, il quale si attiva in presenza di radiazioni UV promuovendo ed accelerando la reazione senza consumarsi. Il biossido di titanio TiO_2, prodotto con innovative tecniche di nanotecnologia (ha una dimensione inferiore a 8 nanometri), è il catalizzatore per eccellenza di questo fenomeno: ne permette infatti la reazione senza consumarsi ed è subito pronto per un'altra ossidazione.[1] Il processo di ossidazione radicalica distrugge sostanze dannose all'ambiente come smog, ossido di carbonio, ozono, benzene, anidride solforosa e solforica, solventi per vernici, fumo di ogni

Set di quattro cuvette in quarzo utilizzate per il processo di fotocatalisi con TiO_2 nanometrico e luce UV.

1. Il biossido di titanio TiO_2 nanometrico nel momento in cui viene colpito dalla luce solare libera ed attiva gli elettroni nell'orbita esterna della molecola. La loro presenza consente all'ossigeno di mettere in moto una reazione con le sostanze organiche di qualsiasi tipo, ossidandole in due componenti innocui: CO_2 (anidride carbonica) e H_2O (acqua).

genere (sigarette, scarichi di autoveicoli, ecc.), odori di sudore ed alimentari. L'elenco potrebbe essere molto lungo poiché sono migliaia le sostanze di derivazione organica presenti nell'aria che ogni giorno milioni di persone respirano in ambienti di vita quotidiana: uffici, locali pubblici e privati, ambienti di lavoro, negozi, palestre. I prodotti fotocatalitici trovano applicazione negli ospedali, laboratori, supermercati, ristoranti, bar, industrie, costruzioni edili e in tanti altri ambiti.

A Praga Valerio termina il lavoro di tesi sotto la guida di un professore universitario locale e conclude il tirocinio; tornato in Sardegna si laurea nel settembre del 2007.

Alcuni mesi dopo ritorna a Praga per proseguire la collaborazione scientifica iniziata con il progetto di tesi. "... L'attività che ebbi a svolgere ha riguardato la ricerca sull'abbattimento di VOC (Volatile Organic Compounds, composti organici volatili) tramite fotocatalisi con TiO_2, per la riduzione di emissioni nocive (in accordo con il protocollo di Kyoto) provenienti dagli impianti di verniciatura di un'impresa operante nel settore automobilistico. Ho curato in prima persona la progettazione e la realizzazione dell'impianto pilota presso un'azienda di Praga..."

La normativa comunitaria obbliga le imprese che utilizzano solventi chimici nelle loro lavorazioni a rispettare i limiti stabiliti delle emissioni gassose da VOC. I settori industriali maggiormente interessati sono quelli della chimica, petrolchimica, farmaceutica, cosmesi, lavorazione dei tessuti, trattamento delle materie plastiche, preparazione di pitture e vernici nonché i prodotti per la carrozzeria. Lo studio del trattamento delle emissioni gassose da VOC si pone l'obiettivo di prevenire o limitare l'inquinamento atmosferico derivante dagli effetti di tali composti e ricorrere all'uso delle tecnologie disponibili per il loro abbattimento mediante procedimenti che ne moderino la diffusione in atmosfera, trasformandoli in altre sostanze non inquinanti tramite processi chimici.

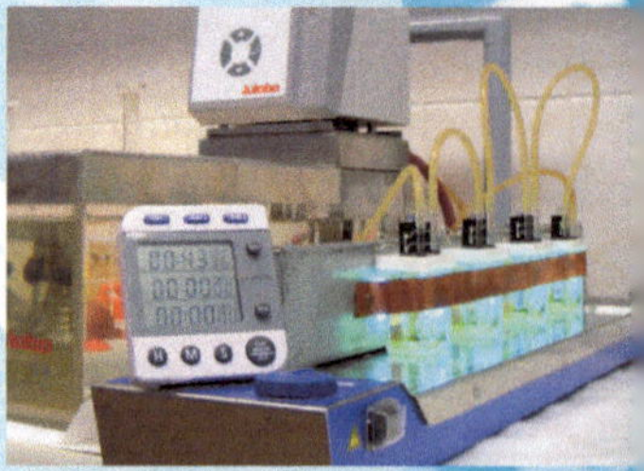

Questo tipo di ricerca coinvolge profondamente Valerio, il quale è comunque costretto ad interromperla nel momento in cui i fondi della borsa di studio, erogati in parte dalla Re-

gione Sardegna e dall'Università di Praga, terminano. Comincia per il nostro amico un altro tipo di ricerca, quella di un'occupazione stabile.

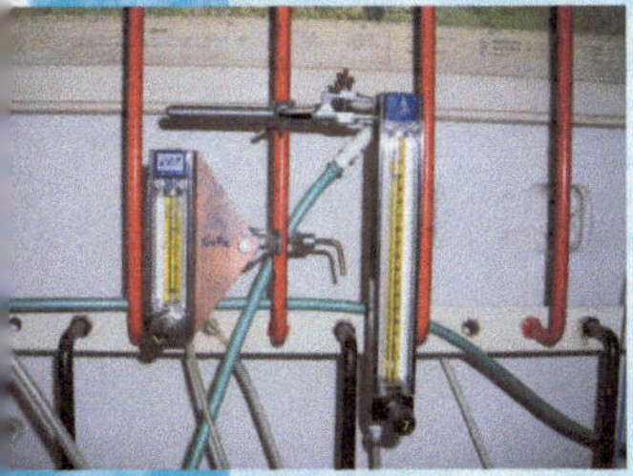

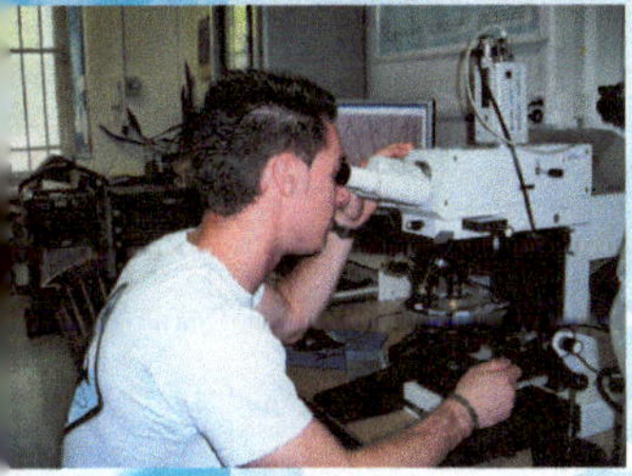

"... In questa fase la lingua ha rappresentato una reale difficoltà. Ho sempre comunicato in inglese: non conosco la lingua ceca, gli idiomi locali né tantomeno il russo che invece è compreso da molti operai che lavorano nei settori industriali di quel paese..." Questo insuperabile ostacolo gli impedisce lo svolgimento di un lavoro attinente alla sua formazione specifica e specializzazione professionale. Sostiene vari colloqui con aziende del luogo che producono risultati buoni con il personale del *management*, ma sfavorevoli con quello operativo per una palese assenza di comunicabilità. Valerio non rientra in Sardegna, ma evidentemente orienta in altre aree la ricerca di un impiego ed approda in una multinazionale attiva nel campo dell'informatica. Questo avviene nel dicembre del 2008 quando egli è diventato un cittadino europeo.

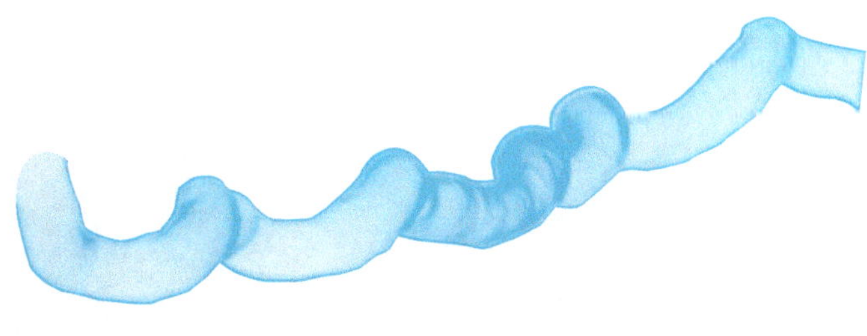

Antonello Di Salvo

Università
Tor Vergata, Roma

Titolo di studio
Laurea

Istituto scolastico
Liceo Scientifico

Azienda/Ente
CSM - Centro Sviluppo Materiali S.p.A. (Roma)
Ricerca e sviluppo in materiali innovativi, siderurgia e rivestimenti di acciaio

Data intervista
8 ottobre 2010

Antonello trascorre uno stage piuttosto esteso al CSM (Centro Sviluppo Materiali S.p.A.), un colosso italiano leader a livello internazionale nel settore della siderurgia e della ricerca tecnologica connessa all'innovazione di materiali, alla loro progettazione, produzione ed applicazione. Egli varca la soglia di quest'azienda per la compilazione della tesi del diploma di laurea in Scienza dei Materiali, seguito presso l'Università degli Studi di Roma Tor Vergata. Nel 2002 converte questo titolo nella laurea triennale e diviene il primo laureato in questa disciplina in tale università: l'esperienza dello stage si tramuta inoltre in un'occupazione stabile; lavora ancor'oggi, a distanza di dieci anni, nella medesima impresa.
"... Il progetto di tesi portato avanti nel CSM riguardava la costruzione di uno strumento utile per l'analisi dei gas all'interno di un processo siderurgico. L'idea era già nell'aria, io ne ho curato la progettazione, la realizzazione, l'assemblaggio ed il test sul campo. È stata una bellissima esperienza: ho seguito tutto il percorso di vita dell'apparecchio. Diciamo che personalmente non l'ho concepito, bensì ho provveduto alla sua gestazione e nascita. Lo strumento, costruito con fondi europei, esiste ancora e si trova al CSM..."
Mentre Antonello svolge il lavoro di tesi, l'azienda gli affida un ulteriore incarico: realizzare un dispositivo simile a quello sopra descritto, ma con finalità diverse. "... Per questa attività ho ricevuto dal CSM un contributo economico, il quale diviene nei fatti l'inizio del nostro rapporto professionale. Ho cominciato con l'impegnarmi in un ambito applicativo di tipo industriale, ovvero il processo di produzione dell'acciaio da altoforno. I clienti del CSM sono aziende leader nel settore siderurgico. Noi facciamo ricerca, creiamo metodologie innovative che in seguito mettiamo a disposizione delle società coinvolte nell'acciaio: lavoriamo per produttori siderurgici e, dal momento che le sfide oramai sono globali, rispondiamo alla siderurgia di tutto il mondo. Da poco sono tornato dalla Russia, subito prima dal Brasile..."
La carriera di Antonello inizia nel reparto delle misure per poi continuare in quello dello sviluppo del processo e del prodotto.

"... Sono stato per due anni nella sede di Terni del gruppo, in un'acciaieria, dunque sono tornato a Roma dove attualmente lavoro. I primi anni avevo un rapporto contrattuale di tipo interinale, poi a tempo determinato e infine indeterminato. Sono dieci anni che frequento il CSM: adesso concepisco le attività, oltre che a seguirle. Curo in prima persona una serie di clienti e sono diventato capo di svariate commesse. Dal punto di vista della gestione delle risorse umane faccio riferimento al nostro laboratorio interno e mi appoggio a tre/quattro tecnici, i quali mi assistono nelle diverse fasi organizzative..."

Quali corsi si sono rivelati particolarmente utili? "... Tutti i laboratori svolti nell'Università di Roma Tor Vergata rappresentano la parte di formazione che ho maggiormente utilizzato nei successivi anni di occupazione..." *Un esempio?* "... Le prove di preparazione metallurgica qui da noi sono il pane quotidiano: posso pertanto interagire più tranquillamente con il personale di laboratorio in quanto sono stato uno studente di laboratorio..."

Il suo lavoro la porta in luoghi geograficamente distanti, non è vero? "... Sì, viaggio molto. Sicuramente è molto appagante anche se a lungo andare è stancante. Il lavoro sul campo consente di imparare tutto molto più velocemente e, per di più, c'è il gusto di vedere il proprio lavoro camminare autonomamente: idea, realizzazione e poi via. Vado spesso in Cina, Russia e Brasile perché la mia azienda ha lì dei clienti. Concludo i lavori e curo i rapporti con essi. Il CSM è nato in Italia, tuttavia ora guardiamo principalmente fuori. Vendiamo il nostro know-how all'estero visto che, purtroppo, nel nostro Paese non esiste molto mercato..."

Concludiamo con un sorriso, un aneddoto che ricorda con piacere. "... Bene, spesso mi rammento la battuta di un operaio quando stavo a Terni: *Ingegnere, che fai? ti togli la tuta blu e ti metti la cravatta?* Uscivo sporco dalla linea e dopo andavo a parlare con i colleghi degli uffici. In effetti si impara ad usare molti linguaggi: quello dove è richiesta la tuta blu e quello con la cravatta..."

Giulia Lanza

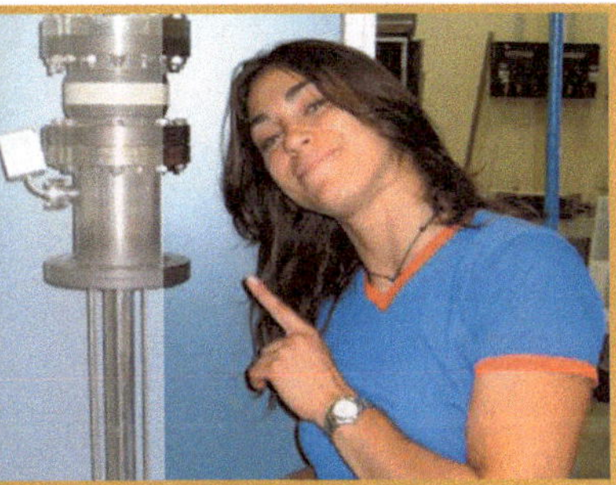

Università
Padova

Titolo di studio
Dottorato di ricerca

Istituto scolastico
Liceo scientifico

Azienda/Ente
CERN (Ginevra, Svizzera)
Ricerca

Data intervista
23 maggio 2010

Impegno, studio, applicazione e sacrificio. Tanto, tanto di tutte e quattro le categorie: oggi Giulia assapora il gusto del successo e gode dei risultati ottenuti. Ella svolge una qualificante attività di ricerca presso il CERN (European Organization for Nuclear Research) di Ginevra, in Svizzera, avendo vinto un concorso della durata di cinque anni per *staff*.

La sua attività di ricerca comincia con lo svolgimento del lavoro di tesi dopo aver frequentato il corso di laurea in Scienza dei Materiali presso l'Università di Padova: ella trascorre un anno presso i Laboratori Nazionali di Legnaro dell'INFN (Istituto Nazionale di Fisica Nucleare). Per il conseguimento della laurea specialistica Giulia elabora un progetto dal titolo *Superconduttività in radiofrequenza applicata alle cavità acceleratrici: deposizione per sputtering di film sottili di niobo e relativa correlazione fra morfologia, microstruttura e proprietà elettriche*. L'ambito d'indagine è quello dello sviluppo di nuove tecnologie di accelerazione connesse all'applicazione di conoscenze e metodologie specifiche della scienza dei materiali relativamente al settore degli acceleratori di particelle. La nostra amica si confronta con una tecnica particolare adottata per la produzione delle cavità acceleratrici: componenti inseriti in un acceleratore di particelle per dare acceleramento, i quali solitamente sono costituiti di un materiale estremamente costoso chiamato niobio. La tecnica esplorata da Giulia è stata quella di realizzare le cavità in rame, un materiale più economico, e di ricoprirle all'interno con un film (una pellicola) sottilissimo del prezioso metallo.

"... Ho appreso la tecnica della deposizione di film sottili e varie configurazioni per deporre il film di niobio all'interno della cavità. Si è trattato di uno studio specifico su questi componenti degli acceleratori, e l'area di riferimento era quella della ricerca pura, ma a questa ricerca di base attinge anche l'industria per trasferire le innovazioni tecnologiche a livello più applicativo. Infatti la medesima tecnica trova attuazione industriale in svariati settori come quello biomedicale, tessile, *packaging* alimentare, copertura delle punte da trapano e di numerosi altri oggetti..."

Giulia porta a termine il progetto, nel mese di ottobre del 2004 si laurea e decide di continuare gli studi con il dottorato di ricerca: partecipa al concorso nazionale e vince un posto presso il dottorato in Scienza ed Ingegneria dei Materiali. La borsa di studio del dottorato, finanziata interamente dalla Cornell University di New York (USA), le consente di approfondire le tematiche della ricerca avviata durante il tirocinio di laurea, sempre nei laboratori dell'INFN di Legnaro.

"... Nel periodo della tesi di laurea ho principalmente costruito il sistema, l'apparecchiatura, il macchinario. È stato un momento molto impegnativo e decisamente interessante che mi ha permesso di apprendere come funzionano i sistemi da vuoto e in che modo vanno progettati. Ho compreso tutta l'architettura dell'apparato da utilizzare in laboratorio, ho montato e cablato l'impianto svolgendo anche un'attività di tipo ingegneristico: ho messo a punto la macchina e caratterizzato dei piccoli campioni. Negli anni del dottorato sono passata invece alle vere cavità e la scienza dei materiali mi ha permesso di seguire tutte le complesse fasi che coinvolgono le cavità durante la lavorazione: quella iniziale di chimica per il trattamento superficiale; quella di *coating* per la deposizione del film sottile; quella di criogenia e radiofrequenza dove sí caratterizza ciò che è stato depositato..."

Come avviene il trasferimento da Legnaro al CERN di Ginevra?

"... Prima della tesi di laurea avevo passato tre mesi di studio e lavoro al CERN, frequentando una *Summer Student* alla quale sono stata ammessa dopo due anni di tentativi..."

Durante questa esperienza estiva Giulia entra in rapporto con il gruppo di ricerca che la contatterà dopo la conclusione del dottorato per proporle una collaborazione sulle cavità e sui trattamenti superficiali: ella difatti possiede un'accurata conoscenza della scienza dei materiali ed una robusta preparazione di tipo applicativo, oltre che teorico.

Tutto questo avviene in verità mentre ella segue un master internazionale in *Surface Treatment for Industrial Applications* (Trattamenti superficiali per applicazioni industriali) presso

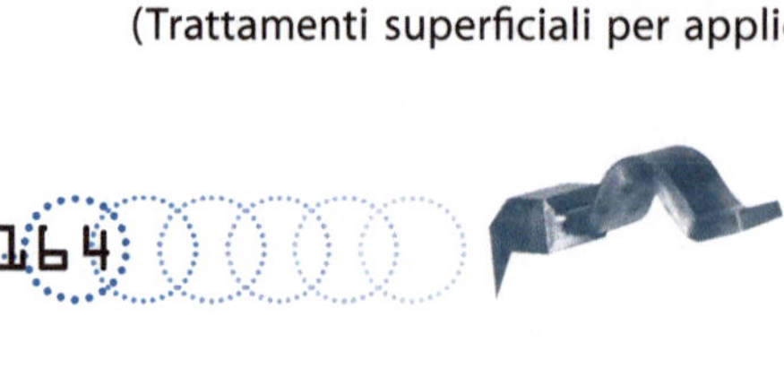

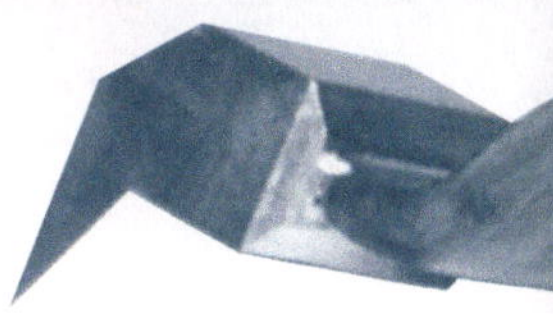

l'Università di Padova, dopo essere divenuta dottore di ricerca. Si è trattato di un master impegnato nel settore del trasferimento tecnologico: trasportare al sistema industriale di riferimento le conoscenze e abilità sviluppate nell'ambito del trattamento dei materiali delle cavità acceleratrici.

"… Ho sentito la necessità di completare la mia formazione analizzando anche le tematiche più mirate all'industria. Con l'esperienza del dottorato avevo raggiunto un'elevata specializzazione nell'ambito delle cavità adoperate nella ricerca pura e desideravo acquisire anche quelle competenze che mi rendessero competente anche nel mercato industriale…"

In realtà non è unicamente il gruppo del CERN a cercare Giulia; ella viene richiesta anche dalla Cornell University. "… Scegliere tra i due enti è stato decisamente difficile in quanto la Cornell University è un luogo deputato alla ricerca e di grande prestigio. Ho trascorso una settimana in questa università americana ed ho constatato che facevano delle cose meravigliose, programmi molto avanzati e all'avanguardia, sempre nel settore delle cavità. È stata per me una grande soddisfazione…"

Alla fine Giulia opta per il centro di ricerca europeo e nel mese di febbraio del 2009 lascia l'Italia. Inizialmente le offrono un contratto *fellow* di due anni, ma dopo sei mesi esce un posto per *staff*, della durata di cinque anni: partecipa al concorso e lo vince. "… Dal primo febbraio del 2010 sono *staff* CERN, e lo sarò per cinque anni. Il lavoro è molto simile a quello che svolgevo a Legnaro anche se le cavità da depositare hanno forme, tecniche e problematiche diverse. Da subito ho iniziato lo studio per ottimizzare la loro deposizione e tutto è andato benissimo. Il mio capo è molto contento perché la mia esperienza mi permette di controllare tutte le fasi operative e di gestire bene tutta l'organizzazione. Essere uno scienziato dei materiali mi consente di affrontare tutti i passaggi del processo…"

Adesso Giulia al CERN si occupa del grande acceleratore: l'LHC. Il suo successo è meritato, è il frutto di una notevole dose di diligenza, preparazione, determinazione e tenacia. L'impiego

delle sue forze e capacità intellettuali è stato totale: "... Il dottorato è stato duro. Ho lavorato moltissimo, con ritmi molto serrati. Spesso volevo mandare tutto al diavolo. Fortunatamente sono sempre stata sostenuta dal mio professore universitario, il quale ha puntato molto su di me. Mi ha incoraggiata, aiutata e mi ha introdotta negli ambienti internazionali: durante il dottorato sono stata per un mese al KEK (National Laboratory for High Energy Physics), un centro di ricerca giapponese a Tsukuba. Il gruppo orientale stava misurando una nostra cavità, prodotta in Italia: ho osservato come facevano le misure e ho seguito tutto il trattamento. Ho testato di persona come lavorano e vivono in Giappone, un'esperienza grandiosa, anche se non vedevo l'ora di tornare a casa..."

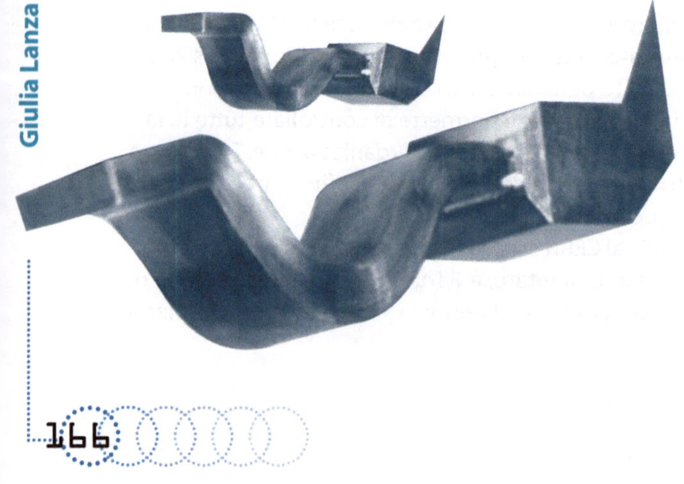

Giuseppe Tucci

Università
Bari

Titolo di studio
Laurea specialistica

Istituto scolastico
Liceo scientifico

Azienda/Ente
Pezzol S.r.l. (Barletta, Bari)
Calzature di sicurezza

Data intervista
16 dicembre 2009

Se dovesse definire il suo lavoro con tre aggettivi? "… Interessante, complesso, formativo…" *Se dovesse associare il suo nome a quello di un materiale?* "… Il poliuretano, senza alcun dubbio…" Perché Giuseppe è tanto interessato al poliuretano?[1] Egli lavora da oltre un anno in un'azienda che progetta e produce calzature tecniche industriali e di sicurezza, è stato reclutato in qualità di scienziato dei materiali e la sua principale attività è lo studio della formulazione chimica del poliuretano; questa sostanza viene utilizzata nella mescola delle suole per fornire alte prestazioni nella resistenza allo scivolamento e agli agenti chimici assicurando un'ottima aderenza su tutte le superfici.

"… Il mondo delle scarpe di sicurezza è un settore sostenuto da moderne ed avanzate tecnologie che consentono la realizzazione di prodotti di alta qualità ed elevate performance tecniche. Nel gruppo industriale dove lavoro a Barletta, la Pezzol S.r.l., si fabbricano, in Italia, scarpe antinfortunistiche all'avanguardia, frutto di un'innovazione continua dei materiali, e garantite da processi manifatturieri certificati. Sono impegnato nella messa a punto dei materiali, dei nuovi materiali, come ad esempio quelli sintetici, per l'attuazione dei vari componenti delle calzature di sicurezza (puntali, lamine), oltre che nello specifico studio sul poliuretano…"

L'azienda Pezzol contatta a suo tempo l'Università degli Studi di Bari, dove Giuseppe conseguirà a breve la laurea specialistica in Scienza e Tecnologia dei Materiali, per avere i nomi di qualche studente che si sta laureando in quella disciplina. "… Sono stato convocato dalla società, ho sostenuto un colloquio nel mese di ottobre del 2008, a dicembre mi hanno chiamato proponendomi un contratto a tempo determinato della durata di due anni…"

1. Il poliuretano indica una vasta famiglia di polimeri termoindurenti. È estremamente versatile e permette di ottenere un'ampia gamma di prodotti con proprietà isolanti e impieghi molto diversi. Parecchi oggetti di uso quotidiano sono realizzati utilizzando vari tipi di poliuretano. Alcune applicazioni: imbottiture (per arredamento, automobili, giocattoli), isolanti termici (per l'edilizia, il trasporto, gli imballaggi, la refrigerazione), oggetti di interesse sanitario (valvole cardiache, protesi, guanti chirurgici, sacche per il sangue, filtri per l'emodialisi), suole sportive ed antinfortunistiche, calzature sportive e ciabatte, filati (lycra).

Un professore del liceo lo aveva informato dell'esistenza del corso di laurea in Scienza dei Materiali, e sulla connessa possibilità di preparare, analizzare e caratterizzare nuovi materiali e di studiare le metodologie innovative per la loro trasformazione grazie a tecnologie di frontiera.
"… Mi è piaciuta la novità del corso, i suoi legami con il sistema delle imprese e il fatto che lo scienziato dei materiali possa svolgere un ruolo centrale nello sviluppo tecnologico e nella creazione di una maggiore competitività industriale…"
Giunto al terzo anno trascorre quattro mesi presso la sezione di Bari dell'Istituto del CNR di Metodologie Inorganiche e dei Plasmi (IMIP) dove svolge la propria elaborazione di tesi nell'ambito di un progetto riguardante la deposizione di film sottili per l'applicazione della tecnica *colloidal lithography*. Si tratta di un'indagine di ricerca pura con prospettive di tipo applicativo: si creano le basi per il trattamento di piastrine da utilizzare in ambito sanitario. Presa la laurea triennale continua gli studi con la specialistica in Scienza e Tecnologia dei Materiali. "… È stato un corso interessantissimo: due anni di studio che ha riguardato tutte le nuove tecnologie in moltissimi settori. Abbiamo affrontato le problematiche inerenti l'accrescimento delle prestazioni dei materiali già esistenti (polimeri, ceramici, vetri, metalli, compositi, semiconduttori) e lo sviluppo di nuovi materiali per applicazioni nel campo della microelettronica, optoelettronica e fotonica, nonché in quello biomedico, farmaceutico ed industriale come gli imballaggi alimentari…" Ed è proprio in quest'ultimo ambito di

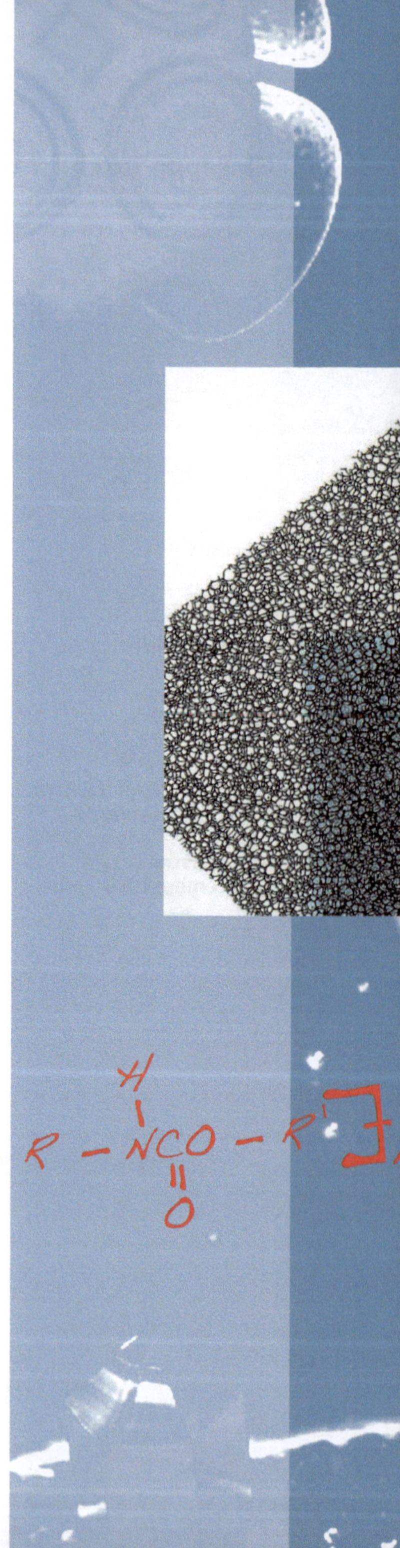

interesse che Giuseppe elabora una tesi di laurea riguardante l'applicazione delle nanotecnologie per la produzione del *packaging*. Questa ricerca viene svolta nel Dipartimento di Chimica dell'Università di Bari, e si è trattato di mettere a punto un nuovo processo per la sintesi delle nanoparticelle di rame in ambiente acquoso, per sfruttare le sue proprietà e ridurre tutti i rischi derivanti dalla proliferazione di batteri. L'introduzione di materiali nanometrici opportuni negli imballaggi, soprattutto alimentari, è legata alle alte proprietà di barriera. Infatti una nanofase in materiali plastici *bulk* permette di conferire nuove proprietà rispetto a quelle convenzionali, quali migliori proprietà meccaniche, stabilità termica, ritenzione dell'umidità, diminuzione della permeabilità ai gas e all'acqua, migliore conducibilità elettrica e molte altre dipendenti dalla nonofase introdotta. "... Questa esperienza mi è piaciuta tantissimo. La qualità, la sicurezza e l'innovazione nel *packaging* alimentare è di grande interesse sia dal punto di vista della ricerca scientifica, sia per quanto riguarda l'avanguardia delle tecniche di confezionamento..."

Come sappiamo oggi Giuseppe esprime la sua attività in un altro settore ma non per questo meno coinvolgente: appena entrato in azienda egli ha destinato i primi due mesi a seguire i tirocini, teorici e pratici, riguardanti i profili tecnici e prescrittivi. Sono stati presi in esame i riferimenti normativi per la sicurezza e la qualità; l'analisi dei processi produttivi; lo studio dei materiali impiegati nella produzione aziendale e dei settori nei quali quest'ultima si è mossa relativamente al comparto del tessile, dell'acciaio e dei componenti della calzatura. L'aspetto pratico ha contemplato il seguire la produzione dal vivo; il verificare insieme ai tecnici di laboratorio le risposte che i prodotti realizzati in azienda danno; il monitorare i rapporti con gli enti certificatori per il controllo continuo delle competenze tecniche indispensabili per la creazione ed il miglioramento delle metodologie di analisi dei materiali.

"... È andata decisamente bene. Lavoro in team con un altro giovane neolaureto: facciamo riferimento all'ingegnere di produzione. La curiosità è il motore principale del nostro lavoro..."

Tagli di poliuretano.

Umberto Dainese

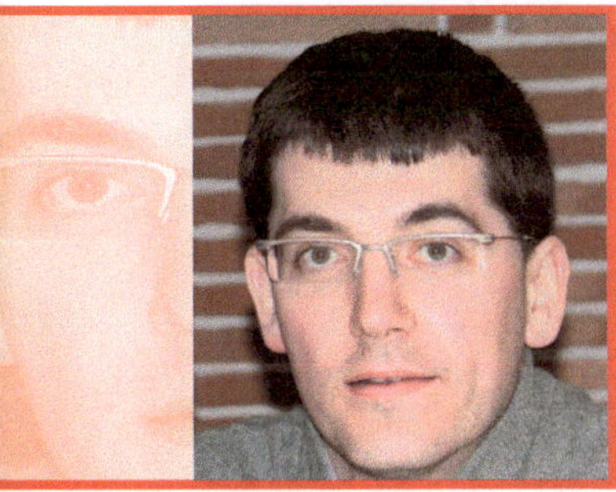

Università
Venezia

Titolo di studio
Laurea

Istituto scolastico
Istituto tecnico in telecomunicazioni

Azienda/Ente
Colorificio San Marco S.p.A. (Marcon, Venezia)
Sistemi vernicianti per l'edilizia

Data intervista
2 marzo 2010

Indagine chimico-fisica su un dipinto in restauro presso l'Istituto Superiore per la Conservazione e il Restauro (Roma).

La bioedilizia e le sue applicazioni, lo studio e la ricerca di prodotti innovativi a basso impatto ambientale per la realizzazione di progetti insediativi più convenienti, ideati con maggiore motivazione e consapevolezza per una migliore qualità della nostra vita e di quella delle generazioni future: questo è l'ambito culturale e professionale che, da quasi sette anni, cattura le risorse psico-fisiche di Umberto.
L'interesse di quest'ultimo verso queste tematiche, in modo particolare per le tecnologie più avanzate nella formulazione di pitture e vernici che rispettino l'ambiente in cui viviamo e l'aria che respiriamo, si avvia con un'indagine svolta in occasione della tesi per conseguire la laurea triennale in Scienza dei Materiali presso l'Università Ca' Foscari di Venezia.
"... L'argomento della tesi, che ho svolto nei laboratori di ricerca del gruppo imprenditoriale Colorificio San Marco S.p.A. in provincia di Venezia, prendeva in considerazione i prodotti vernicianti per la bioedilizia. Si è trattato dello studio di una pittura a basso impatto ambientale seguendo i criteri di questa disciplina..."
Vale la pena forse rammentare quali siano gli aspetti essenziali della bioedilizia: quello *ecologico*, per una ragionata riduzione dei consumi energetici e della produzione dei rifiuti, valorizzando altresì le risorse naturali e territoriali; quello *biologico*, che pone l'uomo e il suo benessere fisico, mentale e psicologico al centro della riflessione; quello *socio-economico*, per la diffusione di una rinnovata sensibilità ambientale che eviti sprechi e dispersioni grazie all'uso di energie pulite e rinnovabili. I materiali e le tecniche della bioedilizia mirano alla costruzione di ambienti abitativi di maggior comfort ma soprattutto meno inquinati ed inquinanti.
"... Nei sei mesi passati al Colorificio San Marco ho effettuato il confronto tra i materiali di sintesi, come i polimeri, che derivano dalle fonti del petrolio ed i materiali naturali impiegati nella bioedilizia. Ho comparato le caratteristiche e le prestazioni: vantaggi e svantaggi per ogni singola materia e analisi chimiche per evidenziare le differenti caratteristiche presta-

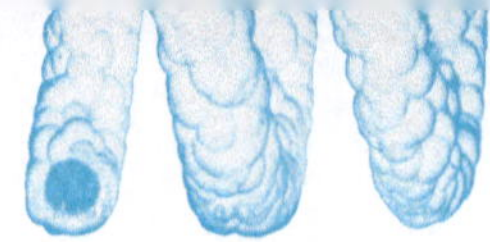

zionali, come la durata nel tempo, l'attacco dei batteri su di una pittura sintetica rispetto ad un'altra naturale, le possibili colorazioni e via dicendo..."

Umberto prende in esame materiali tradizionali e tecnologie innovative. Nel passato sono state numerose le analisi dei prodotti artificiali per valutarne la pericolosità, ad esempio per quanto concerne gli additivi miscelati nelle pitture; attualmente la ricerca è maggiormente orientata ad intensificare la conoscenza dei materiali forniti dalla natura e a sviluppare i prodotti a base acqua, i quali sono biocompatibili, ecologici e sostenibili.

A marzo del 2003 Umberto si laurea e riceve dal Colorificio San Marco la proposta di rimanere in azienda per continuare la sperimentazione e le indagini scientifiche avviate con il lavoro di tesi: due mesi di prova e viene assunto a tempo indeterminato.

"... Sono un impiegato tecnico che lavora nel laboratorio Ricerca e Sviluppo, dove ho inoltre svolto la tesi. Precisamente sono un tecnico formulatore di prodotti vernicianti per l'edilizia: è un settore in continuo sviluppo e crescita visto la sua ampia gamma di pitture e decorativi per l'edilizia, e per quanto riguarda il risparmio energetico..."

Umberto studia pitture da interno ed esterno con l'obiettivo di mettere a punto dei prodotti "amici dell'ambiente e dell'uomo", utilizzando materie prime a basso impatto ambientale che garantiscono salubrità e sicurezza e nello stesso tempo assicurano elevate prestazioni di durata ed un piacevole effetto estetico. Adotta sistemi di produzione innovativi basati esclusivamente sull'utilizzo dell'acqua nei prodotti vernicianti eliminando totalmente l'uso di solventi e additivi pericolosi per l'ambiente e l'uomo.

Lo studio è comunque incessante e continuo se si vogliono migliorare le prestazioni delle pitture utilizzando materie prime innovative e a basso impatto. È necessario contenere il loro costo, estendere la durata, controllare i difetti di generazione di muffa, renderle meno aggredibili, favorire il comfort interno di un'abitazione ed il livello di soddisfazione delle persone che la occupano.

"... Ci sono problematiche sempre nuove da affrontare. Seguo la produzione e l'impiantistica. Con le nuove leggi sui prodotti vernicianti e i parziali divieti nell'uso di solventi bisogna rinnovare l'impiego delle materie prime e limitare l'uso di certi composti. I primi anni sono stati di gavetta. Negli ultimi tre sono diventato più autonomo, seguo in prima persona i progetti che mi vengono affidati dal mio superiore, il quale li supervisiona anche se la responsabilità del processo è mia..."
Umberto ci racconta i suoi due ultimi progetti: uno momentaneamente interrotto, l'altro felicemente concluso. Il primo ha riguardato lo studio di un prodotto innovativo, una pittura autopulente che contiene biossido di titanio, in forma anatasica e a struttura nanometrica, la quale trasforma e decompone sostanze nocive quali batteri, microrganismi ed inquinanti atmosferici tramite il processo di fotocatalisi. Questa pittura sovverte il principio per cui un prodotto verniciante emette sostanze dannose e contaminanti nell'ambiente, anzi al contrario purifica l'aria, in aggiunta in maniera infinita, in quanto il fotocatalizzatore si rigenera costantemente. L'effetto antinquinante e antisporcamento rende l'uso di questa pittura particolarmente indicato per i luoghi pubblici, come scuole ed ospedali.
Il secondo si è focalizzato sulla sostituzione di un polimero, un legante all'interno di un prodotto verniciante da esterno, con uno innovativo, il quale sfruttando le nanotecnologie ha determinato delle prestazioni superiori allo stesso conferendogli un'elevata resistenza agli agenti atmosferici ed inquinanti grazie al legante acrilico di cui è composto, che ostacola l'aggressione alcalina dei supporti cementizi e degli intonaci, e il degrado dovuto ai raggi UV del sole.
"... Il mio studio ha portato al miglioramento del prodotto iniziale; abbiamo sostituito un elemento, una materia prima e raggiunto il nostro scopo: avere un positivo cambiamento di resistenza agli attacchi esterni. La nuova pittura è già nel mercato delle vendite aziendali. Fare ricerca in un'impresa è altra cosa da quella svolta nei laboratori universitari: qui la parola

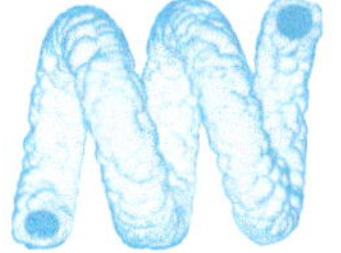

d'ordine è applicazione immediata, efficace ed efficiente. Talvolta la ricerca in quanto tale mi manca, mi secca interrompere un'indagine se il riscontro non è quasi istantaneo; d'altra parte comprendo che il mondo imprenditoriale ha le sue necessità, esigenze, regole ed obiettivi da perseguire, che evidentemente rispetto del tutto..."

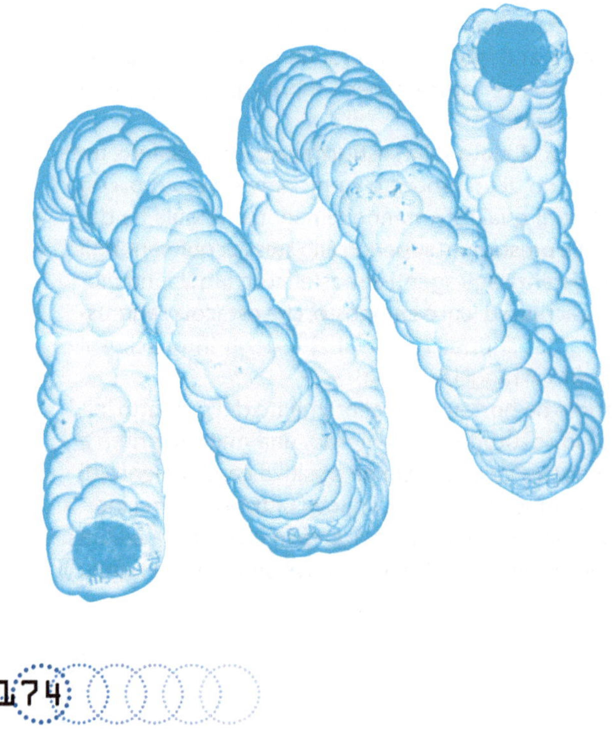

Fausto Lentini

Università
Calabria

Titolo di studio
Laurea specialistica

Istituto scolastico
Istituto tecnico
per geometri

Azienda/Ente
GVS S.p.A. (Zola Predosa, Bologna)
Filter Technology

Data intervista
15 febbraio 2010

Fausto è stato il primo studente a prendere la laurea specialistica in Scienza dei Materiali presso l'Università della Calabria. "... Hai una grande responsabilità, devi portare la bandiera della scienza dei materiali..." Con questo aforisma egli viene congedato dai suoi professori a conclusione della seduta di laurea. "... Nel mio piccolo penso di aver fornito un contributo alla causa: ho sostenuto ed incoraggiato altri ragazzi ad intraprendere questo percorso di studi, che, per quanto mi concerne, ha realizzato le mie aspirazioni professionali..."

Egli si iscrive a questo corso perché intrigato dalla novità dell'offerta, fortemente interdisciplinare, e dalla possibilità di inserirsi rapidamente nel mondo del lavoro. Proviene da un istituto tecnico per geometri e le affinità culturali con gli stati condensati della materia sono distanti, ma egli non si scoraggia e alla topografia e tecnologia delle costruzioni privilegia quelle applicate al variegato ed attraente mondo dei materiali. Spende il tirocinio della tesi di primo livello presso i laboratori dell'INFM (Istituto Nazionale di Fisica della Materia), impegnandosi in uno studio dedicato alla sintesi di nanotubi di carbonio a singola parete, i quali fondono le proprietà elettriche e meccaniche della grafite con una struttura monodimensionale. Molteplici sono gli impieghi previsti per queste strutture, la cui esecuzione è però condizionata dallo sviluppo delle tecniche di sintesi.

"... La ricerca era finalizzata a possibili future applicazioni, come nel campo dell'elettronica: la metodologia era fattibile ma non ancora spendibile a livello industriale. Il metodo di sintesi non era banale, veniva condotto nell'azoto liquido con una scarica elettrica, era abbastanza estremo come processo. In quel momento si trattava di ricerca pura, non si lavorava su un prodotto rivolto al mercato dell'industria bensì sullo sviluppo di una tecnica per sintetizzare su scale di laboratorio..."

Volendo contestualizzare la ricerca, siamo nella primavera del 2003, a maggio Fausto si laurea e prosegue il cammino con la specialistica. Trascorrono due anni di studio ed esami; arrivato al lavoro di tesi egli sceglie un progetto da svolgere presso l'Istituto per la Tecnologia delle Membrane (ITM) del Consiglio Nazionale delle Ricerche (CNR), nella sede di Rende (Cosenza). L'ITM è focalizzato sulla ricerca e lo sviluppo della scienza e tecnologia delle membrane, sia per gli aspetti più fondamentali, sia per quelli applicativi ed industriali. Fausto svolge la propria attività sempre in campo microscopico studiando in particolare i metodi di sintesi e caratterizzazione di membrane polimeriche e metalliche; la sua tesi porta il titolo *Morfologia e proprietà di trasporto di membrane a fibra cava*.

"... La ricerca aveva un riscontro pratico e combinava due argomenti: il primo prevedeva lo studio di una membrana polimerica caricata con un catalizzatore per la deossigenazione dell'acqua e quindi la produzione di acqua ultra pura, utile per il lavaggio di circuiti stampati in elettronica; il secondo riguardava la produzione di idrogeno puro al 100% per applicazioni *fuel cell* (cella a combustibile), vale a dire energia alternativa. La finalità era duplice: combattere l'inquinamento atmosferico e produrre idrogeno per le *fuel cells*..."

Fausto si laurea nel mese di luglio del 2006 e dopo qualche settimana di meritato riposo eccolo che ritorna all'ITM-CNR: il ragazzo è tenace, sicuro e confortato dal lavoro effettuato. Gli elementi scenici che rappresentano lo scenario in cui si dovrebbe svolgere la sua azione sono: ottenere una borsa di studio al CNR, andare in una struttura di ricerca estera (Olanda o Germania) e restare in Italia tentando una collaborazione con un'azienda di Zola Predosa, a pochi passi da Bologna. Egli propende per quest'ultima opzione.

Per tutto ciò lascia la Calabria e parte per uno stage *post lauream* alla GVS (un gruppo industriale produttore, a livello mondiale, di filtri plastici per il settore automobilistico, medicale e farmaceutico), riguardante lo sviluppo di un impianto pilota di *testing* su filtri per carburanti, benzina e nafta. Si tratta di filtri per iniettori diesel e benzina, i quali consentono di raggiungere un accrescimento della superficie filtrante anche in spazi notevolmente ridotti grazie a soluzioni innovative e speciali tecnologie.

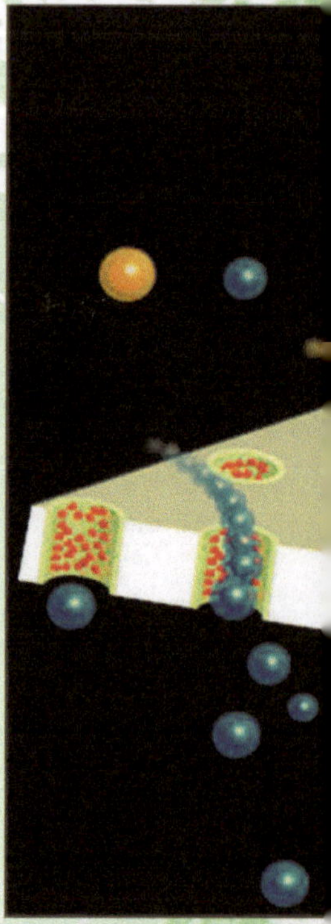

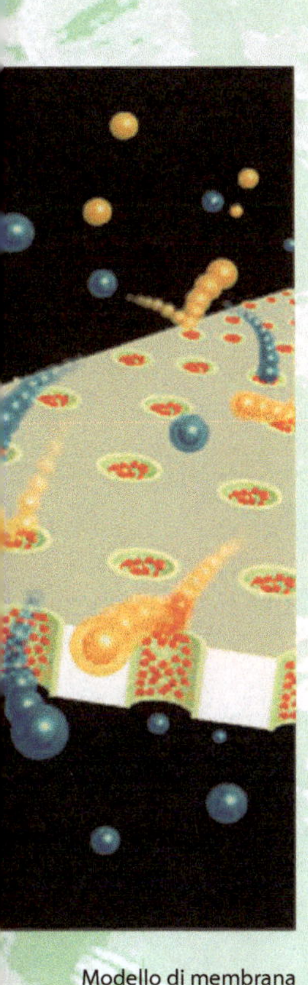

Modello di membrana nanoporosa.

"… Dovevamo ottenere la purificazione del carburante da introdurre nel serbatoio e da esso al motore. Era uno studio assolutamente applicativo nel campo dell'industria automobilistica. Lo stage ha un'evoluzione rapida e inaspettata, ma fortemente auspicata: dopo soli tre mesi mi propongono un contratto a progetto della durata di un anno, il quale verrà rinnovato per un ulteriore anno con la seguente assunzione nel settembre del 2008…"

Fausto ci tiene ad evidenziare che le conoscenze acquisite nell'Università della Calabria lo hanno formato adeguatamente e sono state preziose per l'inserimento in un gruppo industriale che dedica grande attenzione all'innovazione e allo sviluppo di nuove tecnologie. Egli svolge la propria attività nei laboratori del comparto Ricerca e Svlluppo, settore dove le conoscenze scientifiche di base, come la fisica e la chimica, sono indispensabili.

"… Faccio ricerca dentro l'azienda. In questo momento siamo impegnati nello sviluppo di un filtro per abbattere alcuni gas nocivi espulsi dagli scarichi dei camion e delle automobili. È uno studio finalizzato alla tutela dell'ambiente in cui viviamo. È un lavoro di squadra: il team in genere è costituito da un tecnico progettuale, un commerciale ed un tecnicoscientifico, il sottoscritto. Siamo un gruppo bene assortito, teso a colmare tutte le lacune…"

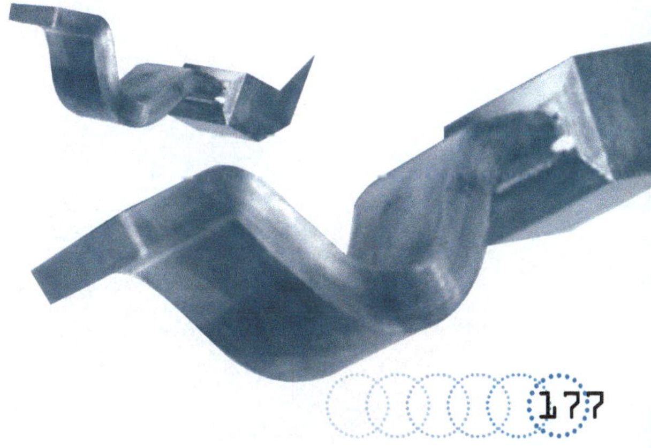

Matteo Russolillo

Università
Genova

Titolo di studio
Laurea specialistica

Istituto scolastico
Istituto tecnico industriale

Azienda/Ente
Zwick Roell Italia (Genova)
Produzione di macchine di prova statiche

Data intervista
18 novembre 2009

Diffrazione a diversi ordini di luce monocromatica, operata da un reticolo sottile di tipo "Raman-Nath". Il reticolo è stato realizzato utilizzando materiali compositi liquidocristallini (Dip. Fisica, Università della Calabria).

Matteo è nato a Genova e ha conseguito nell'università del capoluogo ligure la laurea di primo e secondo livello, ambedue nel settore della scienza dei materiali. Egli termina la triennale nel 2005 dopo aver elaborato il proprio lavoro di tesi all'Istituto Mariperman della Marina Militare, nella città di La Spezia. L'esperienza dura complessivamente circa otto mesi, dapprima in modo più saltuario, poi con ritmi gradualmente più intensi. "… Mi sono occupato della caratterizzazione di un propellente per alcuni missili della Nato secondo le metodologie interne dell'Istituto della Marina Militare. Ho effettuato analisi chimiche e di spettrofotometria;[1] prove meccaniche, di trazione, esplosivistiche, di accensione e di resistenza alla fiamma. Sono stato efficacemente seguito da un tutor e dai tecnici di laboratorio. Mi sono trovato bene, è stato un periodo costruttivo ed interessante…"
Matteo continua a frequentare l'ateneo genovese iscrivendosi al corso di laurea specialistica in Scienza e Ingegneria dei Materiali. Questa volta, in prossimità della laurea, decide di portare avanti il progetto di tesi presso un'azienda orientata alla produzione di pannelli per l'isolamento termico di ambienti: la Metalleido Components S.r.l., a Borgo Fornari, in provincia di Genova. "… La mia attività era connessa alle prove di isolamento termico ed acustico di un nuovo pannello a base di tessuto di vetro tridimensionale, impregnato con una resina particolare scoperta dall'azienda. Essa voleva caratterizzare il prodotto per poi brevettarlo ed industrializzarlo. Personalmente ho seguito solo la parte di studi relativa ai problemi acustici…"
Una volta laureato, Matteo inizia a spedire il proprio curriculum e, a partire dal mese di gennaio 2009, comincia a collaborare con il Centro Ricerche Fiat grazie ad una borsa di studio

1. La spettrofotometria è una tecnica spettroscopica che sfrutta gli spettrofotometri: essi sono degli strumenti dedicati alla rilevazione dello spettro di emissione di una sorgente, ovvero il diagramma della quantità di radiazioni emanate in funzione della lunghezza d'onda. Lo spettrofotometro può anche rilevare lo spettro di assorbimento di una sostanza.

dell'ATA (Associazione Tecnica dell'Automobile), entrambi situati ad Orbassano, in provincia di Torino. La collaborazione riguarda le vetture a fine vita (Ends of Life Vehicle - ELV), le problematiche e strategie inerenti il riciclaggio ed il recupero dei materiali che compongono un veicolo dal momento in cui esso cessa la sua vita. Lo studio implica anche la necessità di ridurre al minimo l'impatto ambientale dei rifiuti che derivano dallo smaltimento degli ELV, come richiesto dall'UE.

"... Sono stato inserito in un importante progetto europeo dedicato al trattamento dei veicoli demoliti a fine vita ed alla separazione e riciclaggio dei loro materiali. Abbiamo anche affrontato gli aspetti riguardanti il possibile recupero energetico dei residui finali di frantumazione del veicolo, non più riutilizzabili meccanicamente. Il progetto durerà tre anni e, oltre al Centro Ricerche Fiat, sono coinvolti altri tre gruppi industriali attivi come imprese di demolizione a Settimo Torinese, Bergamo e Cisterna di Latina. Per quanto mi riguarda, la mia presenza in tale iniziativa si concluderà tra qualche mese, alla fine di dicembre 2009. Sono già stato informato che la borsa non potrà essere rinnovata e che non esistono le condizioni finanziarie per una mia assunzione. Ovviamente c'è della delusione in me, ma guardo i lati positivi di questa opportunità: sono cresciuto professionalmente e le mie conoscenze si sono espanse; ho maturato competenze anche nell'ambito della ricerca su materiali plastici che costituiscono gran parte degli interni di un veicolo, soprattutto il propilene. Ho in programma inoltre una serie di colloqui con aziende operanti nel settore delle materie plastiche, della qualità dei processi industriali e delle certificazioni. Speriamo bene..."

Post Scriptum

Il 2 Settembre 2010 riceviamo da Matteo la seguente e-mail che con molto piacere riportiamo:

"... Gentile dott.ssa Liù, le confermo che la mia borsa al CRF è terminata a dicembre 2009. In seguito ho trovato occupazione tramite uno stage (sei mesi) presso la ditta Nuova Rade di Ca-

sella (Genova) produttrice di accessori per la nautica in plastica. Mi sono occupato del sistema qualità della società, con particolare attenzione alla qualità dei pezzi appena usciti dagli estrusori (macchine utilizzate per il loro stampaggio) e all'aggiornamento dell'apparato di classificazione e catalogazione degli stampi in acciaio, posseduti dalla ditta stessa.
Questa esperienza è durata meno dei sei mesi previsti in quanto dal 12 Aprile 2010 sono stato assunto dalla Zwick Roell Italia (Genova): si tratta della rappresentanza italiana della Zwick/Roell, un'azienda tedesca leader nella produzione di macchine di prova statiche. Sono stato reclutato con la formula della sostituzione per maternità, ma dovrei passare a tempo indeterminato. Lavoro nel settore commerciale, il che non si sposa benissimo con i miei studi, però gli argomenti trattati sono molto tecnici e le possibilità di crescita all'interno della struttura sono molteplici. Mi considero fortunato…"

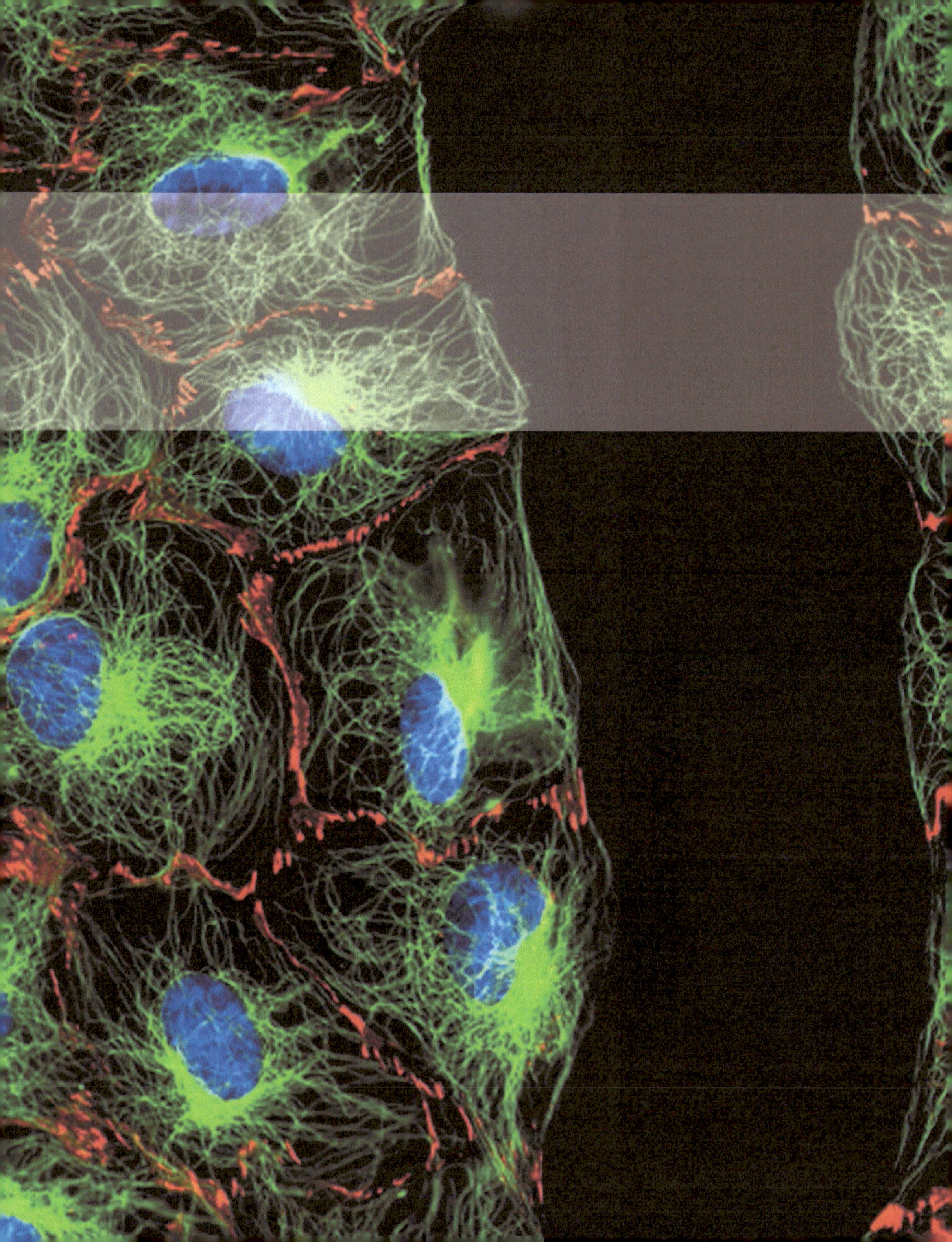

Laura Ballauri

Università
Piemonte Orientale

Titolo di studio
Laurea

Istituto scolastico
Istituto tecnico per perito chimico

Azienda/Ente
Qualital Servizi S.r.l.
(Cameri, Novara)
Certificazione industriale dell'alluminio

Data intervista
2 marzo 2010

Quando nel 2002 si iscrive al corso di laurea in Scienza dei Materiali presso l'Università degli Studi del Piemonte Orientale, Laura ha già un'occupazione stabile alla Qualital Servizi S.r.l., un istituto di certificazione industriale dell'alluminio a Cameri, nei dintorni di Novara. È qui che porterà inoltre avanti il proprio progetto scientifico per la tesi di laurea, intitolata *Caratterizzazione di profilati in lega di alluminio a taglio termico per serramenti: messa a punto delle apparecchiature di prova secondo i requisiti della norma EN 14024*.

Per profilati in lega di alluminio a taglio termico si intendono profilati in cui la parte metallica interna è collegata a quella esterna da un materiale ad alto valore isolante (tampone termico o taglio termico) il quale contribuisce in modo sensibile alla resistenza meccanica dell'insieme. In tal modo, rispetto ai profilati metallici "semplici", diminuisce in maniera consistente il passaggio di calore e si raggiungono notevoli risparmi energetici. Il taglio termico può essere continuo o discontinuo, è generalmente in materiale sintetico e viene fissato in modi diversi e/o combinati: tramite incollaggio, realizzazione di nervature, assemblaggio con *clips*, incastro, mediante iniezione o incollaggio in una cavità del profilato.

"... Ho effettuato da principio una ricerca bibliografica sugli estrusi in lega di alluminio, sui processi di estrusione,[1] sui serramenti e sul perché fare i serramenti a taglio termico e non continui. Subito dopo due aziende che operano nell'alluminio mi hanno inviato due tipi diversi di profilati a taglio termico: una ditta utilizza la colla, mette sulla barretta della colla; l'altra li produce senza. Ho fatto su di essi le prove previste dalla norma EN 14024, come quella di scorrimento e di trazione, sia allo stato naturale sia invecchiato, simulando anche il trattamento di verniciatura che viene adottato per ottenere profilati colorati..."

1. L'estrusione è un processo di produzione industriale per la fabbricazione di pezzi a sezione cilindrica, come tubi e profilati, utilizzato per i metalli come l'acciaio, l'alluminio e il rame, oltre a plastica e gomma. Una volta compresso il materiale allo stato pastoso in una matrice o sagoma, si ottiene la forma esterna desiderata. Con questa tecnica si fabbricano contenitori in plastica, come bottiglie e barattoli, serbatoi di vario utilizzo e perfino la pasta alimentare.

Laura ha verificato i metodi di prova e i criteri di calcolo utilizzati per l'individuazione delle caratteristiche meccaniche di profilati a taglio termico: ha condotto le prove statiche e dinamiche di durabilità attraverso invecchiamento sotto particolari sollecitazioni meccaniche e termiche calcolando i valori caratteristici per ciascuna proprietà meccanica presa in considerazione.

"... Ho fatto una serie di combinazioni fra le casistiche possibili e ho ottenuto i risultati dalle prove, le quali sono continuate anche dopo la mia tesi; un collega sta proseguendo questa attività. Mi sono laureata nel 2005. Tramite la mia esperienza si è creata una collaborazione con l'Università degli Studi del Piemonte Orientale, che ancora oggi ci manda i laureandi per il tirocinio finale del corso in Scienza dei Materiali. In questo periodo ne abbiamo due, ed un giovane collega è stato assunto due anni fa dopo aver svolto lo stage presso di noi..."

Laura lavora nel laboratorio Prove & Ricerche, iscritto nell'albo dei laboratori altamente qualificati dal Ministero dell'Università e della Ricerca (ai sensi del D.M. n.593/2000) e specializzato nelle prove tipiche per il controllo qualità dei prodotti in lega di alluminio verniciati e anodizzati. È un laboratorio accreditato ACCREDIA (Ente Italiano di Accreditamento) il quale garantisce la competenza tecnica, l'obiettività e l'equanimità

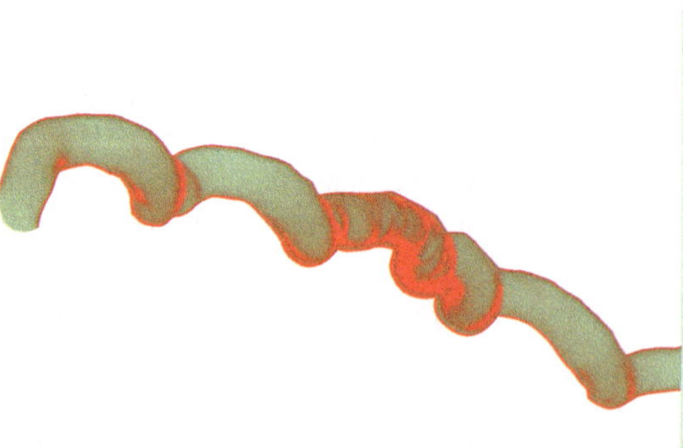

delle prove effettuate in esso, con apparecchiature adeguate e procedure appropriate. Oltre alle prove previste per la concessione dei marchi di qualità nel settore dell'edilizia, vengono eseguiti anche test di caratterizzazione delle finiture superficiali dell'alluminio, destinate a vari settori industriali: automobilistico, navale, ferroviario, elettrico ed alimentare.
"... Nel laboratorio siamo in quattro operatori, in tutto l'istituto una dozzina circa. Insieme ai colleghi eseguo le prove sui marchi di qualità, ognuno dei quali ha un set mirato di accertamenti, inoltre eseguiamo anche prove conto terzi. Quando necessario, coopero alla preparazione delle visite ispettive per il mantenimento dell'accreditamento ACCREDIA occupandomi principalmente di ciò che riguarda la gestione delle apparecchiature di prova (tarature, manutenzione, ecc.)..."
Laura ha avuto l'opportunità di seguire corsi di formazione connessi ai processi di lavorazione dell'alluminio oltre a corsi specifici per l'utilizzo e la gestione delle apparecchiature di prova. L'ultimo è stato la scorsa estate sulla colorimetria, presso il Politecnico di Torino, nella sede di Alessandria: lì ha approfondito la conoscenza della disciplina, partendo dai fondamenti della scienza del colore fino agli aspetti applicativi più recenti, incluse le tecniche di controllo qualità colore e le ultime innovazioni nella misura dei metallizzati.
"... La misura del colore è una delle misurazioni che facciamo per i nostri clienti, come quella della variazione del colore su serramenti esposti alla luce. I nostri clienti sono principalmente i soci di un'associazione che accoglie i produttori di alluminio, gli estrusori, i verniciatori, gli anodizzatori e le aziende che realizzano le polveri per verniciare e per i pretrattamenti. Sono imprese attive nella filiera della produzione e lavorazione dell'alluminio. Noi forniamo un qualificato supporto nell'ambito della ricerca applicata per il massimo rendimento di prodotti e processi: siamo contattati sia come gestori dei marchi di qualità sia come consulenti del settore dell'alluminio. Ultimamente però arrivano richieste anche da soggetti che non lavorano questo metallo, ma altri materiali e leghe come l'acciaio..."

Giuseppe Giallongo

Università
Cagliari

Titolo di studio
Dottorato di ricerca

Istituto scolastico
Liceo scientifico

Azienda/Ente
Università degli Studi di Padova - Dipartimento di Scienze Chimiche
Ricerca

Data intervista
11 febbraio 2010

Camera di deposizione per *sputtering* (CNR - Area della Ricerca di Roma2 Tor Vergata).

Per svariati anni il problema dello stoccaggio dell'idrogeno ha impegnato Giuseppe e la sua attività di ricerca, la quale presenta l'intento di individuare sistemi ecocompatibili di produzione di energia quali fonti alternative ai combustibili fossili, il cui uso è causa di un consistente inquinamento ambientale. Quest'ultimo ha principalmente determinato negli ultimi decenni un intensificato interesse, nazionale ed internazionale, verso l'uso dell'idrogeno come vettore energetico e quindi verso la sua produzione con il conseguente immagazzinamento. Gli studi connessi con tale questione hanno guadagnato grande attenzione in numerosi paesi, i quali stanno finanziando ricerche per la caratterizzazione delle diverse tecnologie di produzione, principalmente in funzione della quantità e qualità dell'idrogeno prodotto.

Giuseppe inizia quest'attività mentre sta preparando la tesi di laurea in Scienza dei Materiali nella sede romana dell'ENEA-Casaccia, dove trascorre sei mesi di tirocinio in qualità di studente dell'Università degli Studi di Cagliari.

"... Il titolo della tesi era *Leghe intermetalliche nanofasiche per l'accumulo di idrogeno*. La finalità del progetto era quella di ottenere dei risultati confortanti per lo stoccaggio dell'idrogeno in un modo più sicuro e compatto: accumulare quindi notevoli quantità d'idrogeno in maniera più conveniente, con poco volume..." Una sua applicazione? Ottenere un serbatoio più piccolo che possa essere sfruttato per l'autotrazione, per macchine o autobus ad idrogeno, garantendo pertanto un'autonomia maggiore ad un veicolo con motore elettrico dotato di celle a combustibile. In una cella a combustibile l'idrogeno reagisce con l'ossigeno producendo elettricità. Tuttavia l'efficienza di questa trasformazione termica è ancora limitata da una serie di problemi che debbono essere risolti e che allo stato attuale impediscono una commercializzazione su larga scala di tali tecnologie. Uno dei principali ostacoli per l'utilizzo dell'idrogeno come vettore energetico è proprio legato agli ancora insoddisfacenti sistemi di stoccaggio (a bordo di un veicolo), i cui principali processi sono la liquefazione, la compressione e

l'immagazzinamento allo stato solido. Finito il tirocinio a Roma, Giuseppe torna a Cagliari, si laurea ed inizia la specialistica in Scienza dei Materiali. Al contempo l'ENEA gli propone di continuare la collaborazione scientifica, attivata nei mesi dello stage, mediante l'assegnazione di due borse di studio, ciascuna della durata di due anni.

"… Dopo aver accettato l'offerta dell'ENEA, ho proseguito la ricerca sull'idrogeno, concentrandomi in questa occasione sulle problematiche legate alla sua produzione…"

L'idrogeno può essere generato in modi diversi e da differenti fonti di energia: fossile, rinnovabile e nucleare. Alcune tecnologie sono già collaudate, per altre sono state invece avviate importanti ricerche, spesso svolte in collaborazione nell'ambito di progetti nazionali ed internazionali. Al momento il quantitativo maggiore di idrogeno è prodotto su vasta scala con processi di *reforming* di idrocarburi, mediante impiego di calore e vapore. Si può contare inoltre sulla gassificazione di idrocarburi pesanti o biomassa; l'elettrolisi dell'acqua, ottenuta con la corrente elettrica; il *water splitting* per mezzo di cicli termochimici che usano l'energia solare o il nucleare come fonti di calore ad alta temperatura; la produzione biologica con microalghe e batteri in particolari situazioni controllate.

"… Nei primi due anni ho studiato materiali di catalizzatori per la produzione di idrogeno dalla termodecomposizione dell'acqua. Nei successivi due ho messo a fuoco una ricerca riguardante l'inertizzazione dell'amianto legata evidentemente a bonifiche ambientali…"

La bonifica ambientale di siti inquinati da materiali tossici, quale l'amianto, è diventata sempre più importante per la salvaguardia della salute delle persone. L'inertizzazione dell'amianto avviene con opportune tecniche, come per mezzo di una fusione che consiste nel portare ad alta temperatura (1600°C) i rifiuti contenenti amianto; dopo il procedimento di fusione si ottiene un prodotto inerte ed insolubile, simile al vetro. Le temperature elevate permettono di distruggere totalmente le fibre di amianto tossiche per l'uomo, la loro trasformazione è assoluta,

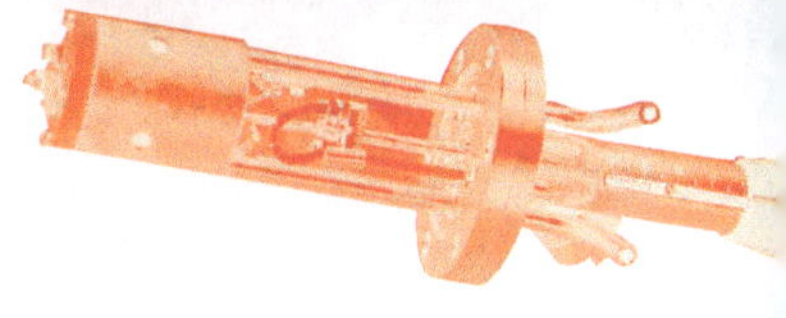

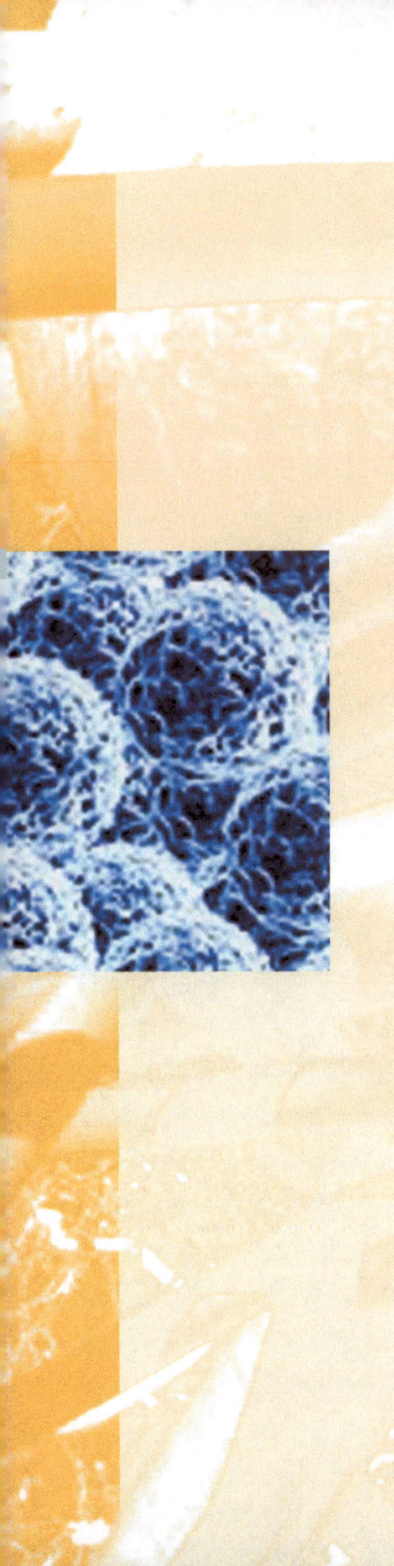

non resta alcuna traccia nel prodotto di fusione, i fumi non sono inquinanti ed il prodotto di fusione viene impiegato come riempimento per le massicciate stradali.

Nel 2008 Giuseppe consegue la laurea specialistica e decide di partecipare al concorso nazionale per l'ammissione al dottorato di ricerca, il quale rappresenta il grado più elevato di istruzione universitaria. Egli vince una borsa nel dottorato interfacoltà in Scienze ed Ingegneria dei Materiali presso l'Università di Padova, dove inizia una ricerca sulla funzionalizzazione di superfici per supportare nanoparticelle.

"... Mi sono trasferito nella prestigiosa ed antica università del capoluogo veneto, afferisco al DiSC (Dipartimento di Scienze Chimiche) e ho appena iniziato il secondo anno del corso di dottorato. In questo momento sto lavorando a dei piccoli supporti di metallo per sostenere nanoparticelle o nanostrutture di argento, impiegati come sensori per il rivelamento di segnali di bassa intensità per alcuni analiti[1] che possono essere cancerogeni o letali per l'uomo. Questi sensori possono essere considerati una sorta di amplificatore di tipo ottico che agevola il riconoscimento delle molecole e sostanze dannose, gas o di un analita, controllato in piccole quantità. Immaginiamo di avere una monetina sulla quale depositiamo una particella di una sostanza X, che normalmente con uno strumento di ricerca vedremmo con un bassissimo segnale, ad esempio di valore 10. Una volta supportata dalla monetina il segnale che otterremo avrà valore 1.000 e sarà innegabilmente più semplice poterla rivelare. I risultati che abbiamo ottenuto sono positivi e ci incoraggiano a continuare. La ricerca si deve sempre sviluppare..."

Come vede il suo futuro? "... Non ho attese per il futuro. Vivo il presente con grande interesse. Non ho mai posto limiti alla mia vita, che considero inconsueta: un anno a Torino, sette anni in Sardegna, sei mesi a Roma, adesso a Padova. Quello che verrà, verrà".

1. Sono le sostanze d'interesse nella determinazione analitica di un'analisi chimica. Il problema analitico si affronta selezionando il campione rappresentativo ed estraendo gli analiti (o l'analita) dalla matrice. Questi ultimi vengono separati, rilevati, identificati e quantificati.

Cristina Gardini

Università
Milano-Bicocca

Titolo di studio
Laurea

Istituto scolastico
Istituto tecnico commerciale

Azienda/Ente
Istituto di Ricerche Chimiche e Biochimiche "G. Ronzoni" (Milano)
Ricerca

Data intervista
8 marzo 2010

Nel luglio del 2001 Cristina ha in mano il diploma di un istituto tecnico commerciale, ritiene utile proseguire gli studi iscrivendosi all'università e, come gran parte degli studenti che terminano la scuola secondaria di secondo grado, deve stabilire il corso di laurea. La scelta di Cristina è controcorrente in quanto non è orientata verso l'ambito economico-giuridico, socio-politico, amministrativo e ingegneristico gestionale, tutti settori molto aderenti alla formazione ricevuta nel corso dei cinque anni scolastici appena conclusi. Ella segue invece il proprio istinto, la curiosità inappagata per la fisica e la chimica, due materie appena sfiorate, e molto probabilmente la voglia di mettersi in gioco in un campo disciplinare spesso etichettato come "troppo duro".
"... E così decido di iscrivermi all'Università di Milano Bicocca scegliendo il corso di laurea in Scienza dei Materiali, dove la fisica e la chimica sono materie fondamentali. Io, che di fisica e chimica sapevo poco anche se istintivamente esse mi avevano sempre attratto, incuriosito e concludo di provare..."
La scelta si rivela appropriata: Cristina difatti supera tutti gli esami e senza grandi impedimenti arriva all'elaborazione del lavoro di tesi che realizza all'Italcementi di Bergamo, un gruppo leader nella produzione di materiali da costruzione e del calcestruzzo. "... L'attività di ricerca si è concentrata sugli additivi antiritiro per sistemi cementizi come malte e calcestruzzi, costituiti di base da cemento, acqua, sabbia e nel caso del calcestruzzo da altri materiali inerti; a questa miscela si aggiungono sempre più spesso additivi a base polimerica che possono migliorarne alcune caratteristiche come la fluidità dell'impasto e le proprietà meccaniche. I potenziali additivi antiritiro oggetto del mio studio avevano lo scopo di impedire la contrazione dell'impasto, fenomeno che avrebbe provocato la comparsa di fessure nel manufatto, esponendolo così all'attacco di agenti esterni potenzialmente dannosi per la struttura..."
Bisognava migliorare alcune proprietà del manufatto e per circa sei mesi Cristina studia questi materiali da costruzioni dei

quali ella aveva una conoscenza di carattere generale. "... Ho appreso nuove informazioni e mi sono resa conto di quanto ampio fosse l'argomento, di quante persone ne facciano oggetto del loro lavoro e studio quotidiano. È stata un'esperienza impegnativa la quale ha prodotto buoni risultati, grazie anche all'attenzione e alla disponibilità delle persone che mi hanno seguita..."

Cristina si laurea nel dicembre del 2006 e successivamente invia il proprio curriculum all'Istituto di Ricerche Chimiche e Biochimiche "G. Ronzoni" di Milano, un ente non-profit che promuove e sostiene una ricerca di base e applicativa nel

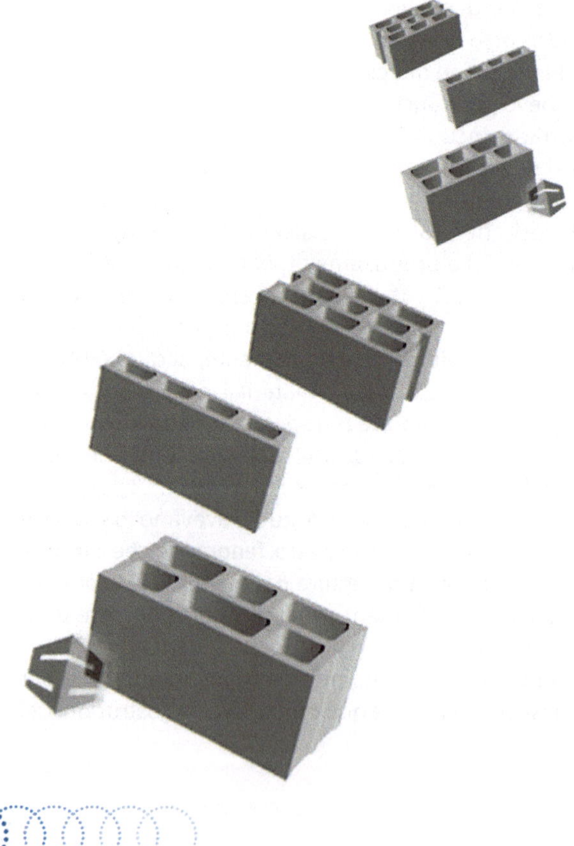

campo della chimica e della biochimica. Dopo il colloquio le viene offerta una borsa di studio per un anno, che viene rinnovata per ulteriori dodici mesi, ai quali segue un contratto a progetto. In questo Istituto Cristina si occupa dello studio di formulati a base polimerica.

"... Principalmente curo la caratterizzazione strutturale dei prodotti oggetto dello studio. In questo periodo di attività in Istituto ho avuto l'opportunità di seguire, presso l'Università di Parma, un corso riguardante le tecniche e i metodi basati sulla spettrometria di massa,[1] e in precedenza un corso sulla spettroscopia FT-IR..."

Chiudiamo l'intervista con la domanda *Se potesse tornare indietro cambierebbe qualcosa?* "... No, certamente no. Nonostante viva una situazione di incertezza, considero positivamente le scelte effettuate e confido in un futuro più stabile... come migliaia di altri giovani ricercatori, sia pubblici sia privati..."

1. La spettrometria di massa consente la produzione e lo studio degli spettri di massa. Viene utilizzata nell'analisi chimica qualitativa, quantitativa e strutturale per composti inorganici e, principalmente, organici. L'analisi dello spettro di massa permette di risalire alla formula molecolare, al grado di insaturazione, alla presenza di gruppi funzionali definiti, ai dettagli della struttura molecolare.

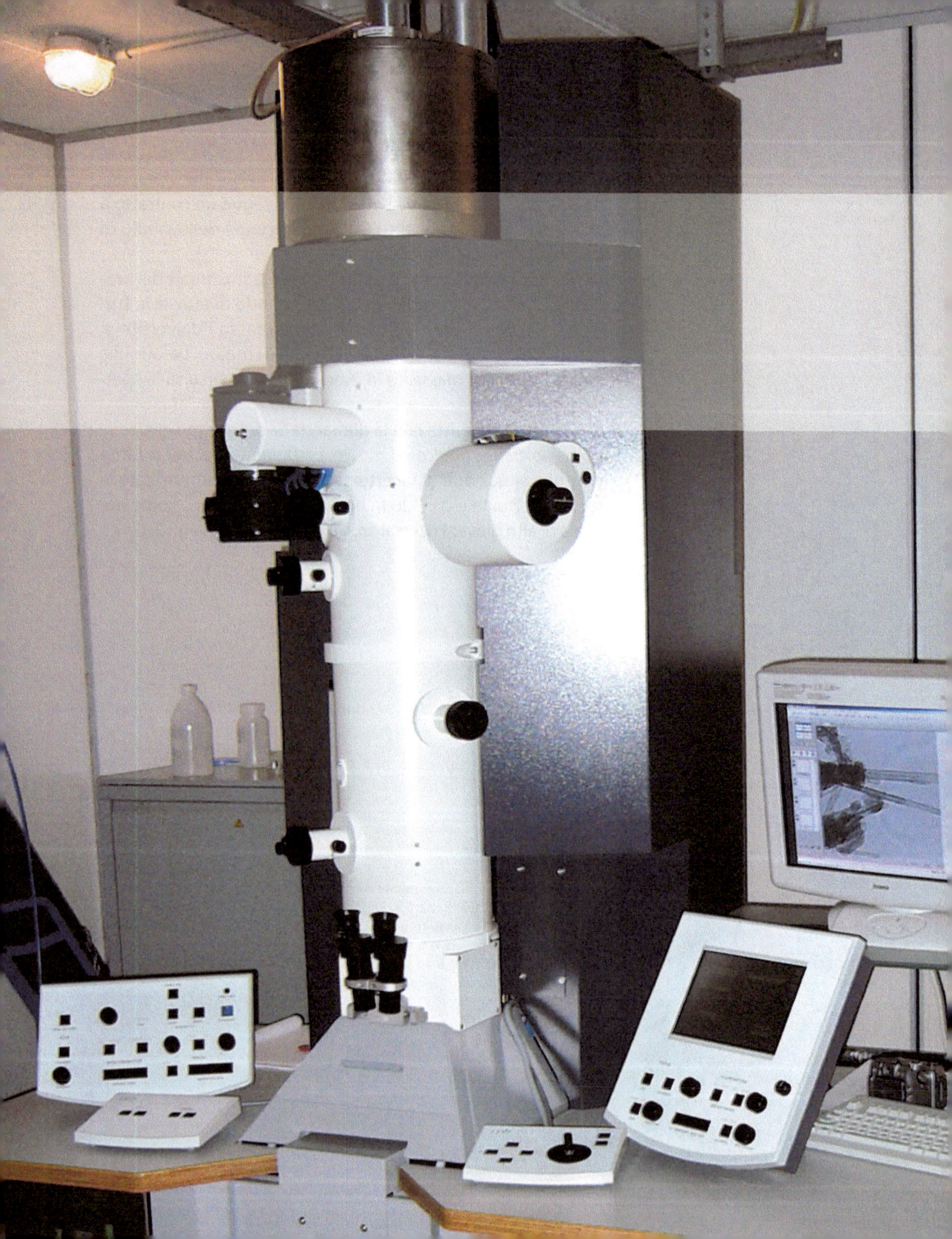

Salvatore Abate

Università
Calabria

Titolo di studio
Laurea

Istituto scolastico
Istituto tecnico elettronico

Azienda/Ente
CNR - Consiglio Nazionale delle Ricerche (Arcavacata, Cosenza)
Ricerca

Data intervista
22 febbraio 2010

TEM, Microscopio Elettronico a Trasmissione (IPCF-CNR, Cosenza).

"... Sono un tecnico del CNR (Consiglio Nazionale delle Ricerche), ma mi occupo anche del trasferimento tecnologico alle imprese, della produzione di strumenti originali per la didattica e per il mondo della formazione in generale: scuole, musei, università..."
Salvatore è un dipendente del CNR in seguito al riordino degli enti di ricerca che ha sancito l'accorpamento dell'INFM (Istituto Nazionale per la Fisica della Materia) ad esso. Dopo svariati anni di attività a tempo determinato nell'INFM, oggi lavora all'IPCF (Istituto per i Processi Chimico-Fisici) del CNR, nell'unità organizzativa di supporto di Cosenza presso l'Università della Calabria. In tale università egli segue dapprima il diploma triennale in Scienza dei Materiali che trasformerà nella laurea di primo livello in seguito alla riforma del sistema universitario italiano. Sostiene alcuni esami a completamento della parte teorica, come geometria, meccanica razionale, biologia ed inglese, ed ottiene il riconoscimento del lavoro di tesi, svolto per il diploma durante uno stage di circa sei mesi, sommando il tempo trascorso prima all'Università di Palermo e poi al CETEV (CEntro TEcnologie del Vuoto) a Carsoli, in provincia di L'Aquila.
"... A Palermo sono stato inserito in un gruppo di ricerca di ingegneria elettronica, dove ho acquisito le tecniche di fabbricazione delle guide ottiche in vetro mediante scrittura diretta con laser (la metodologia del laser *etching*). Dopo un paio di mesi mi sono recato nel consorzio di Carsoli, il quale realizza film sottili su vetro: ho in tal modo trasferito le conoscenze apprese sui dispositivi ottici integrati al personale dell'azienda (quest'ultima nel frattempo aveva allestito un banco ottico per implementare la tecnica in questione). Ho concluso l'esperienza e sono tornato a Cosenza..."
Qui, insieme ad altri colleghi, due tecnici e due ricercatori, dà vita ad uno *spin-off*, una particolare tipologia di impresa la quale consente di diffondere sul mercato le conoscenze specifiche sviluppate nelle strutture di ricerca degli atenei e diviene in tal modo un valido strumento di trasferimento tecnologico per il sistema produttivo del territorio. Sono a tutti gli effetti delle iniziative imprenditoriali, promosse da soggetti attivi in

contesti industriali, accademici o istituzionali, i quali così valorizzano le loro esperienze professionali e il proprio patrimonio conoscitivo, maturato in ambito scientifico e tecnologico.
Contemporaneamente Salvatore entra nel "Progetto Sud", portato avanti dall'INFM nelle regioni del Mezzogiorno con l'obiettivo di migliorare la competitività delle strutture di ricerca del Sud Italia. Nell'ambito di questa azione lo scopo era quello di concretizzare un laboratorio per lo studio di idruri metallici per stoccaggio di idrogeno.
"... Lo *spin-off* nasce seguendo le indicazioni dell'INFM, esattamente con 'La ricerca crea impresa', un progetto mirato alla messa in evidenza dei risultati scientifici ottenuti mediante l'attuazione di aziende, dove le competenze maturate possono essere trasformate in attività imprenditoriale. Fondiamo la DeltaE S.r.l., una società che progetta, sviluppa e produce strumenti per la ricerca, l'industria ed i laboratori didattici. Abbiamo seguito preliminarmente un corso promosso dall'INFM, un altro da Sviluppo Italia per gli aspetti economici-gestionali, poi... tutto da soli. Essa è ancora funzionante e gode di buona salute grazie al continuo aggiornamento scientifico delle metodologie e delle tecnologie usate..."

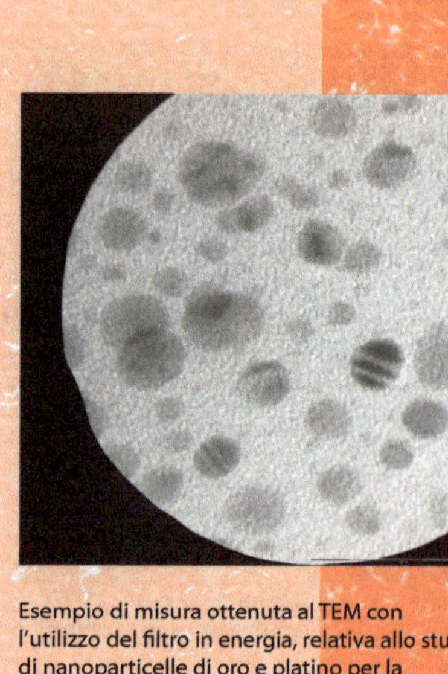

Esempio di misura ottenuta al TEM con l'utilizzo del filtro in energia, relativa allo stud di nanoparticelle di oro e platino per la realizzazione di catalizzatori.

Accanto a questo impegno Salvatore affianca quello di ricerca, svolto nel laboratorio di Idruri Metallici per l'Accumulo di Energia (MHES), oltre all'attività tecnico-didattica fornita per la facoltà di Scienze MMFFNN dell'Università della Calabria.
Nel laboratorio MHES, sorto grazie ai finanziamenti erogati dall'INFM per il 'Progetto Sud', si studiano le proprietà di superfici di metalli e leghe in presenza di idrogeno. È dotato di un apparato sperimentale per la caratterizzazione di idruri con tecniche di fisica delle superfici, sia in ultra alto vuoto, sia in atmosfera controllata di idrogeno; è anche fornito di un'apparecchiatura per esperimenti di calorimetria su celle elettrochimiche.
"... Mi occupo principalmente del *software* per la gestione della strumentazione e della preparazione dei campioni: aspetti informatici ed anche tecnici a livello della realizzazione dei materiali e delle leghe. Ho acquisito queste ultime competenze in Svizzera, subito dopo il diploma di laurea. Ho trascorso

un paio di mesi nel gruppo di fisica dell'Università di Friburgo: dovevo imparare le tecniche di preparazione delle leghe. Sono tornato a Cosenza con la metodologia, potendo organizzare questo tipo di materiale in casa: produrre delle leghe, cambiare le percentuali di un componente rispetto ad un altro, scegliere la giusta tecnica di preparazione..."

I compiti didattici eseguiti fino al 2004 facevano riferimento ai corsi di "Introduzione al metodo sperimentale" della Facoltà di Scienze MMFFNN per gli studenti del primo anno, per i quali Salvatore organizzava il laboratorio e le attrezzature, monitorando la conduzione delle esperienze scientifiche.

Da quando è dipendente del CNR, si occupa inoltre della gestione del microscopio elettronico a trasmissione, il TEM, con il quale caratterizza i materiali: polveri e preparati biologici ad ampio spettro. "... La caratterizzazione ha la finalità di fornire informazioni ai ricercatori al fine di capire come andare a modificare alcune proprietà dei materiali. I miei clienti sono i ricercatori dei dipartimenti di fisica, chimica e biologia. Svolgo un servizio interdipartimentale..."

Salvatore non ha mai cessato di curare la propria formazione tecnica e scientifica: apprende le tecniche del vuoto all'AIV (Associazione Italiana Vuoto) e i sistemi di controlli presso il sincrotrone di Trieste; a Pisa nell'area di ricerca del CNR segue un corso per amministratori di sistemi e di infrastrutture ICT per la gestione della struttura telematica di base (rete, sistemi, applicazioni e fonia). Studia le relative tecnologie all'Istituto di Informatica e Telematica del CNR, dove si sviluppa un'attività di ricerca, formazione e trasferimento tecnologico nel settore delle scienze computazionali, dell'informazione e della comunicazione.

"... Come ho già dichiarato all'inizio sono un tecnico che si occupa anche di trasferimento tecnologico: contribuisco nel lavoro di disseminazione per le industrie. A tal proposito ho seguito un corso al CNR, nella sede di Genova, per la gestione dell'attività di trasferimento tecnologico. Credo di aver sfruttato al meglio tutte le opportunità che mi sono capitate: porto avanti dei lavori per i quali ho grande interesse e soddisfazione..."

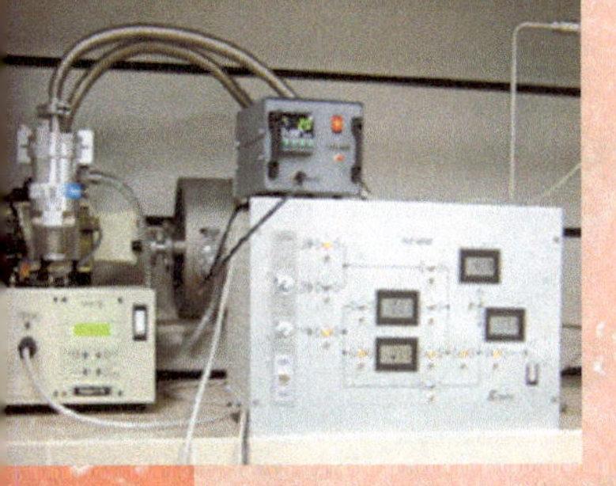

mpio di strumentazione realizzata
'ambito delle attività svolte per lo *spin-off*.
esto strumento permette la misura
'assorbimento di idrogeno e dei suoi isotopi
nateriali solidi, per la realizzazione di
oatoi innovativi per l'accumulo di idrogeno.

Simone Battiston

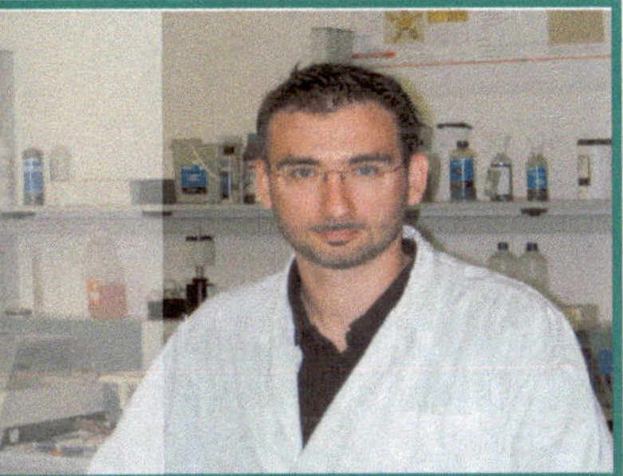

Università
Padova

Titolo di studio
Dottorato di ricerca

Istituto scolastico
Liceo scientifico

Azienda/Ente
CNR - Consiglio Nazionale delle Ricerche
IENI (Istituto per l'Energetica e le Interfasi) (Padova)
Ricerca

Data intervista
2 agosto 2010

Nanopetali di ossido di titanio. Micrografia di Simone Battiston, CNR - IENI (Istituto per l'Energetica e le Interfasi, Padova).

Con Simone scopriamo che la scienza dei materiali è attraente anche dal punto di vista creativo: le nanotecnologie possono trasformarsi in strumenti d'arte e le immagini di materiali nanostrutturati, realizzate con sofisticati microscopi elettronici, diventano opere artistiche di grande emozione; si ottengono in tal modo riconoscimenti in iniziative istituite assolutamente con lo scopo di armonizzare arte, scienza e tecnologia. È quanto accaduto al nostro protagonista, il quale invia al concorso internazionale "Nano Art 2009-2010 International online exhibition"[1] una serie di fotografie, frutto di ricerca e collaborazione scientifica: una di esse ottiene il primo posto, precisamente quella dei nanopetali di ossido di titanio.
Questo episodio è legato ad una delle più recenti attività di ricerca del nostro amico. Ora la narrazione si riavvolge e prende il via la rappresentazione delle precedenti opportunità di Simone, dal momento in cui ha iniziato il lavoro di tesi dopo i cinque anni trascorsi nei laboratori e nelle aule dell'Università di Padova, al fine di seguire il corso di laurea in Scienza dei Materiali.
"... Terminato il liceo scientifico sono rimasto intrigato dall'idea di potermi confrontare non solo con la fisica e la chimica, ma anche con quelle discipline connesse allo stato solido ed ai materiali: un mondo esteso che spazia dall'ambito prettamente scientifico fino a quello di carattere più ingegneristico..."
Simone è fortemente interessato alle caratteristiche dell'ossido di titanio come materiale fotocatalitico, la cui principale applicazione industriale è al momento nelle vernici per l'edilizia e l'automobilistica. Gli viene suggerito di trascorrere il periodo connesso al progetto di tesi presso l'ICIS, l'Istituto di Chimica Inorganica e delle Superfici nell'area di ricerca del CNR, nella zona industriale di Padova. In questo istituto apprende la deposizione di film sottile di ossido di titanio con una metodologia denominata *Metalorganic Chemical Vapor Deposition*. "... La tecnica parte da un precursore di natura metallorganica, generalmente allo stato liquido: lo si fa evaporare e lo si introduce in un

1. www.nanoart21.org/index.html

forno nel quale è presente il substrato su cui effettuare la deposizione; il precursore si decompone con la temperatura e dà vita al film sottile. Ho sostanzialmente lavorato sul *set-up* strumentale, la sintesi e la caratterizzazione del materiale. La ricerca è stata svolta tramite varie collaborazioni, come quella con l'Università di Roma Tor Vergata e l'Università di Ferrara. In particolare presso quest'ultima, che ospita l'ISOF (Istituto per la Sintesi Organica e la Fotoreattività) del CNR, i film sottili ottenuti sono stati caratterizzati dal punto di vista funzionale: mi riferisco al processo di ossidazione attivato dalla luce del sole, in grado di degradare composti di diversa natura, inquinanti compresi, presenti in superficie. Tale materiale viene già utilizzato industrialmente come battericida e nell'edilizia per la realizzazione di cementi fotocatalitici in grado di autopulirsi e, al contempo, di favorire la degradazione dell'inquinamento atmosferico; un ulteriore suo uso riguarda la pulizia delle superfici di vetri, serramenti e coperture di vario genere. L'applicazione futura di maggior stimolo è certamente quella legata al settore energetico con le celle fotovoltaiche fotoelettrochimiche a base di ossido di titanio, chiamate anche celle di Grätzel…"[2]

Simone si laurea nell'ottobre del 2005 e pochi mesi dopo vince un assegno di ricerca bandito da un altro istituto padovano del CNR, lo IENI (Istituto per l'ENergetica e le Interfasi), il cui *focus* è il settore delle tecnologie e della componentistica per l'energia ed i trasporti.

"… Lo IENI cercava delle persone da coinvolgere su un argomento diverso da quello affrontato durante la tesi. Si trattava sempre di deposizione di film sottile, però con una differente tecnica, il sistema *Magneton Sputtering*; il materiale da trattare era l'oro. Ho pensato di provarci e fortunatamente è andata bene…"

L'assegno di ricerca ha la durata di un anno, anche se nel frattempo Simone partecipa al concorso per il dottorato di ricerca

2. Le celle Grätzel o celle solari sensibilizzate da coloranti sono state immaginate rifacendosi al processo di fotosintesi. Il loro sviluppo parte nel 1991e lo studio della tecnologia di produzione è considerato di grande interesse.

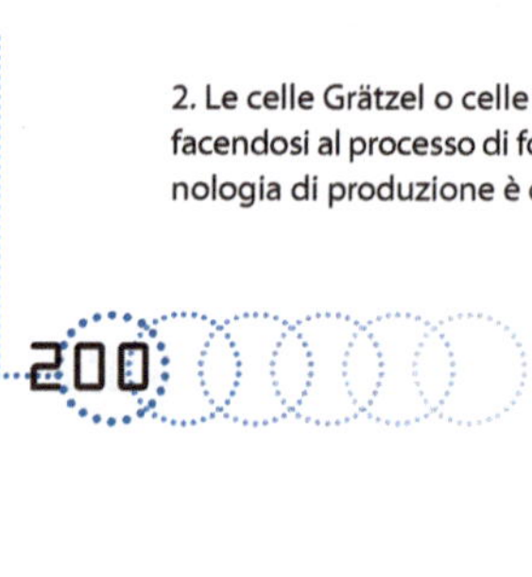

in Scienze Molecolari nel medesimo ateneo veneto. Si aggiudica una borsa che gli consente di frequentare la scuola di dottorato e nell'aprile del 2010 conclude il ciclo.

"... Negli anni del dottorato ho avuto la possibilità di continuare a lavorare allo IENI ritornando allo studio dell'ossido di titanio, sempre per applicazioni fotocatalitiche: ho utilizzato questa volta il metodo del *Magneton Sputtering*. Mi sono focalizzato sull'accoppiamento dell'ossido di titanio su particolari materiali a base di carbonio, i quali sono chiamati *nanohorn* (nanocorni) ed appartengono anch'essi alla famiglia dei nanotubi. Essi possiedono delle proprietà analoghe a quelle dei nanotubi, tuttavia sono meno regolari: hanno la forma di corno, a punta, ed è attuabile una produzione quantitativamente consistente per un loro uso a livello massivo. Mi sono concentrato sulla capacità che i *nanohorn* hanno per incrementare l'attività fotocatalitica dell'ossido di titanio. Con il *Magneton Sputtering* i *nanohorn* inducono la crescita di nanopetali di ossido di titanio: queste formazioni molto peculiari, dalle sembianze floreali e non riscontrate in letteratura, sono le protagoniste delle fotografie scattate al microscopio ottico, che sono risultate in seguito vincitrici del concorso di *nanoart*. Oltre alla valenza estetica, i materiali nanostrutturati in questione, con la loro fisionomia a petalo, possiedono potenzialità molto interessanti principalmente per tutti quei fenomeni che sono alla base del processo fotocatalitico. La loro distintiva forma sembra inoltre essere indicata per l'assorbimento di una notevole quantità di luce, con un buon impiego nel settore energetico. C'è ancora molto da investigare, occorre il giusto tempo per poter affermare che questo tipo di materiale sia davvero così fotoattivo ed efficace: gli indizi al momento però sono buoni..."

Simone sta continuando questa attività come ricercatore poiché allo IENI ha vinto un concorso per titoli, rinnovabile annualmente per un massimo di cinque anni: egli ha preso servizio il 3 maggio 2010.

Qual è l'ultimo argomento che la sta catturando?

"… Al momento, oltre alla vecchia passione, l'ossido di titanio, sono attirato dai materiali termoelettrici, ricerca strategica allo IENI. Essi sono materiali semiconduttori in grado di generare una disparità di potenziale elettrico in presenza di una differenza di temperatura; hanno perciò la capacità di convertire il calore in elettricità e potrebbero essere utili per il recupero di una parte del calore disperso nell'ambiente. Pensiamo alle automobili: la BMW e la Mercedes stanno facendo ricerche da anni su questo tipo di tecnologia al fine di riciclare il calore perduto e riutilizzarlo come corrente elettrica. Ora come ora sono solo tentativi, ma la ricerca è molto sostenuta e richiama grande attenzione. Noi stessi stiamo preparando dei dispositivi per testare i moduli già esistenti e comprendere le geometrie d'ingegnerizzazione del modulo produttore di corrente elettrica, il quale richiede determinate caratteristiche a seconda dell'utilizzo: sfruttamento del calore della luce del sole, oppure applicazione ad un autoveicolo o ad una stufa. Tutto ciò sta diventando l'argomento primario della mia ricerca…"

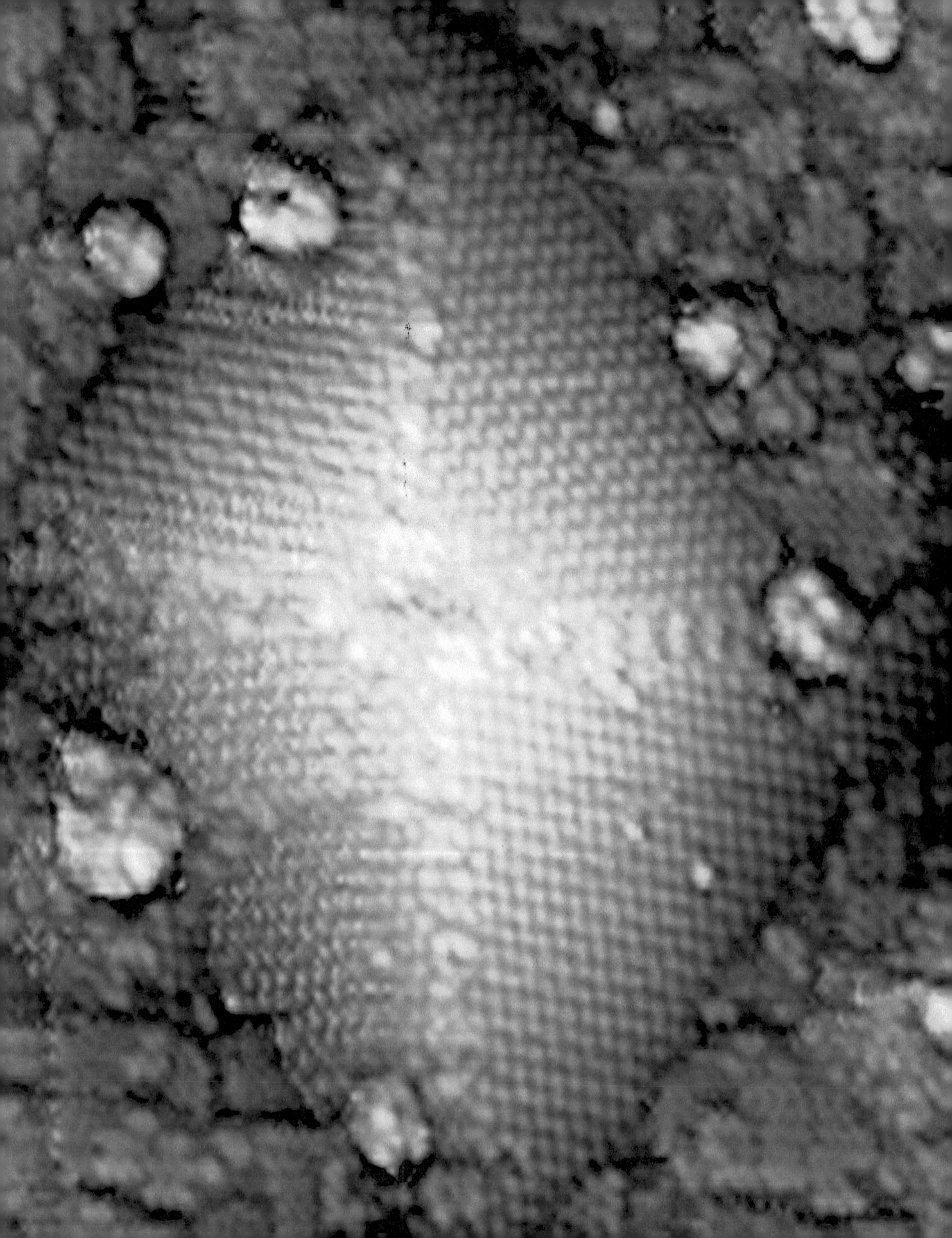

Un'importante esperienza di innovazione nell'apprendimento universitario

di Luigi Berlinguer

Presidente del Comitato per lo sviluppo della Cultura Scientifica e Tecnologica, MIUR

Scopo principale di un corso di laurea è assicurare allo studente una formazione disciplinare adeguata, con solide basi culturali, che deve accompagnarlo per tutta la vita. Essa risulterà valida ed efficace tanto più quanto sarà stata in grado di intrecciare i fondamenti scientifici con il possibile suo profilo applicativo, o comunque la sua possibile proiezione concreta a fini professionali: cosa non sempre agevole, a rischio di ridurne il contenuto scientifico, che resta sempre prioritario. Ove tuttavia questo è possibile, la qualità complessiva del corso di laurea non può non avvantaggiarsene.

Alcune discipline, per la loro propria natura, si prestano intrinsecamente più di altre a questo fine. In ogni caso, comunque l'obiettivo lo si può raggiungere anche grazie all'attenzione che ad esso si prestasse nell'organizzare la didattica, la quale sta diventando sempre più rilevante in un'università con milioni di studenti per di più di varia origine. Fra le diverse misure di rafforzamento degli strumenti didattici ricordo l'orientamento, il rapporto esperimenti-teoria e gli stage.

L'organizzazione accademica non è stata storicamente abituata a farsi carico di una particolare funzione, finora considerata estranea ai corsi universitari (con poche eccezioni specie anglosassoni) e tuttavia divenuta ormai necessaria e utilissima per favorire esiti

Piramide di atomi di germanio su silicio misurata con STM (Dip. Fisica, Università di Roma Tor Vergata).

soddisfacenti agli studi universitari. Alludo a quelle attività con cui alcuni atenei, in collaborazione con altre istituzioni pubbliche e private, oggi si preoccupano in vario modo e sotto diversi profili degli sbocchi professionali dei propri laureati, di come interpretarne il fabbisogno formativo e di soddisfarne talune esigenze.

La serie di interviste qui pubblicate è una prova illuminante, oltre che assai gradevole, di tutto ciò. Lauree e dottorati in Scienza dei Materiali sono particolarmente vicini ad una tale impostazione, sia per la particolare intrinseca natura della disciplina, sia per il loro complessivo percorso didattico.

Separazione dei colori realizzata con un reticolo POLICRYPS, costituito da strutture periodiche di materiali compositi liquido-cristallini (Dip. Fisica, Università della Calabria).

Tutte le scienze collaborano a cambiare il mondo, allorché vi introducono il contributo del pensiero umano, che ne costituisce un fascinoso arricchimento (certo, non quando lavorano per distruggerlo). È indubbio che la scienza dei materiali lo faccia in forma più diretta, esplicita, per sua stessa natura: "scienza utile", con particolare attenzione alle applicazioni, impegnata com'è a salvare vite umane, a migliorare la sicurezza, la qualità della produzione, dei processi materiali, umani, sociali, ed altro ancora.

È proprio questa la percezione che i ragazzi intervistati ci consegnano dell'indirizzo di studi da loro prescelto. Così – mi pare – essi hanno vissuto quel che hanno studiato e ne hanno penetrato gli epistemi. Così, però, essi hanno percepito e vissuto non solo la disciplina, ma anche il suo percorso formativo, l'impostazione didattica che il corso di laurea si è dato. Mi pare cioè che essi abbiano apprezzato intanto l'"utile", il senso di utilità della loro pratica di studio e dei suoi contenuti, e non in senso banalmente empirico o piattamente professionalizzante, ma in senso più pregnante, di "utilità culturale", umana, proprio in quanto formativa della loro futura esistenza.

Utilità intrinseca, quindi, epistemologica, ma anche per le concrete opportunità di sbocco occupazionali loro offerte, importantissima con questi tragici chiari di luna di crisi del lavoro in Italia (e nel mondo). Ed anche – e non poco – per la qualità professionale di quello sbocco, del lavoro che hanno trovato, visto che non mancano i casi di sottoccupazione e si lavora con qualifiche effettive ben al di sotto degli studi compiuti. I ragazzi intervistati sembrano aver apprezzato però non solo il contenuto del corso di laurea, ma anche il percorso formativo e didattico offerto loro da quel corso, e sembrano certamente averne tratto profitto. Quel percorso si fonda sull'intreccio, come si è detto, fra base teorica, scientifica, delle scienze dure, ed il costante ricorso alla pratica sperimentale, alle esperienze, secondo il vero metodo scientifico-sperimentale, attraverso coinvolgenti ed ampie fasi di laboratorio. Non c'è scienza se non si coltivano le strutture razionali del pensiero. Non c'è accesso alla scienza senza la verifica sperimentale, senza appagare la curiosità intellettuale anche in via sperimentale. E lo stesso profilo applicativo, così coltivato nell'itinerario dei corsi, è parte anch'esso della verifica effettuale, del valore culturale – non solo pratico – della ricaduta.

Di questo stesso percorso formativo fanno parte l'orientamento e gli stage, che sono il segno che un'attività didattica (anche universitaria) e *learning-centered* non può più fondarsi prevalentemente sulla trasmissione delle conoscenze, ma deve anche investire la persona integrale, lo studente-cittadino-lavoratore, la sua stessa esistenza.

In questo senso, l'orientamento e gli stage sono appunto aspetti essenziali di un'attività didattica.

Orientamento: se la formazione universitaria ha da essere *learning-centered*, occuparsi del *learner* significa certo e prioritariamente promuoverne la conoscenza nelle discipline facenti parte del corso, ma significa anche promuovere le attività che favoriscono la consapevolezza nelle scelte di fondo dei diversi indirizzi disciplinari e professionali (e cioè della sua stessa vita futura). Anche questo quindi diviene parte integrante del corso, è anch'essa attività formativa e deve essere svolta dalla docenza stessa del corso con la collaborazione (ovviamente) di chi deve fornire le informazioni necessarie perché lo studente sappia e si orienti. Orientarsi significa innanzitutto penetrare la disciplina o le discipline caratterizzanti il corso stesso, essere in grado di valutare consapevolmente (cioè, non oniricamente, a sola prima vista) le proprie inclinazioni e preferenze in proposito. Un tale risultato non può essere assicurato da un rapporto superficiale ed episodico con la disciplina. È invece attraverso uno studio più approfondito e intrecciato con esperienze laboratoriali che si forma la consapevolezza di cui si è detto.

Orientare significa anche fornire informazioni e favorire diretti contatti col lavoro che si apre ai laureati del settore. Il presente volume richiama anche la prospettiva di un orientamento rivolto alle imprese, per informarle del bagaglio culturale-formativo acquisito dallo studente e quindi, nel caso in specie, del contenuto effettivo della scienza dei materiali in capo al neolaureato. La cosa è particolarmente utile in un periodo come quello attuale, notevolmente fluido ed eterogeneo nella mappa dei diversi corsi di laurea, ormai eccessivamente differenziati territorialmente e disciplinarmente, e non ufficialmente intellegibili.

Stage: è anch'esso altamente formativo. Vedere, conoscere, sperimentare nel luogo di lavoro, e con un'attività pratica, la proiezione economica e sociale di ciò che si studia ed il suo profilo professionale arricchisce la stagione degli studi. Sarebbe un errore escludere una tale esperienza. Tutto il mondo evoluto ha da tempo sperimentato e verificato che qualunque corso di studi non può fare a meno oggi di momenti legati al mondo del lavoro, anche perché essi abituano a conoscere il mondo, a sapersi muovere in esso, ad affrontare i problemi, in un quadro ambientale ed esistenziale diverso da quello di "studenti", certamente più responsabilizzante. Le interviste dei ragazzi confermano ampiamente ed incoraggiano su questo punto in concreto. Le statistiche nazionali ci dicono di un più rapido ed efficace inserimento nel mondo del lavoro di quei laureati che abbiano fatto una tale esperienza.

Un'ultima considerazione: in questo nostro paese educativamente arretrato e un po' classista si continua a fare un'assurda graduatoria gerarchica fra scienze umane rispetto alle scienze sperimentali, collocando più in basso la tecnologia. La gerarchia finisce per essere sia disciplinare che sociale. Alle scienze umane la serie A, alle sperimentali la B, alle tecnologie la C. In Italia la scienza non è considerata cultura universale. Siamo fuori dal mondo! Gli indirizzi di politica scolastica ed universitaria si basano inconfessatamente su questo assunto. Nella scuola prima viene il classico, poi lo scientifico; prima i licei, poi i tecnici. Giù nel fondo i professionali. Nel triennio dei tecnici la scienza è assente. E le discipline tecniche non sono considerate cultura: questo è il luogo comune dominante. Ben venga quindi la scienza dei materiali, perché si cura dell'utile, delle applicazioni, si occupa "materialmente" di materiali. Ma anche perché coltiva insieme scienza, tanta scienza. Scienza come veicolo, incarnazione, acculturazione dell'applicazione, della materialità.

Indici

Indice delle Imprese

Agilent Technologies Italia S.p.A. (Cernusco sul Naviglio, Milano) www.home.agilent.com:80/agilent/home.jspx?lc=ita&cc=IT p. 113

AGIP (Roma) – www.agip.it p. 43

Alenia Spazio (Roma) p. 109

Ansaldo Energia S.p.A. (Genova) – www.ansaldoenergia.com pp. 51, 73

Avago Technologies Italy S.r.l. (Torino) – www.avagotech.com p. 111

Brembo S.p.A. (Mapello, Bergamo) – www.brembo.com/ITA/ p. 47

Bridgestone Technical Center Europe S.p.A. (Roma) – www.bridgestone.it p. 66

Bridgestone Italia S.p.A. (Modugno, Bari) – www.bridgestone.it pp. 65, 117

Cantieri Navali San Marco (La Spezia) p. 101

CETEV - CEntro TEcnologie del Vuoto (Carsoli, L'Aquila) p. 195

Colorificio San Marco S.p.A (Marcon, Venezia) – www.san-marco.it pp. 45, 171

CSC - Computer Sciences Corporation (Praga, CZ) – www.csc.com p. 157

CSM - Centro Sviluppo Materiali S.p.A. (Roma) – www.c-s-m.it p. 161

Degussa Novara Technology S.p.A. (Novara) p. 141

DeltaE S.r.l. (S. Fili, Cosenza) – www.deltae.it p. 196

ENI – www.eni.it p. 43

FIAMM S.p.A. (Montecchio Maggiore, Vicenza) – www.fiamm.com p. 121

FIAT Auto (Torino) – www.fiat.it p. 153

FIAT Centro Ricerche (Orbassano, Torino) www.fiatgroup.com/it-it/innovation/crf/Pagine/default.aspx p. 179

Fincantieri - Cantieri Navali Italiani S.p.A. (Sestri Levante, Genova) www.fincantieri.it p. 101

Flame Spray S.p.A. (Roncello, Monza-Brianza) – www.flamespray.it p. 74

GPS Semiconductor (Genova) p. 101

GVS S.p.A. (Zola Predosa, Bologna) – www.gvs.it p. 175

Ilva S.p.A. (Genova) – www.rivacciaio.com/ita p. 137

Inforgroup S.p.A. (Milano) – www.inforgroup.eu p. 111

Italcementi S.p.A. (Bergamo) – www.italcementi.it p. 191

ITT Italia S.r.l. (Barge Cuneo) – www.ittfriction.com p. 59

Kenosistec S.r.l. (Binasco, Milano) – www.kenosistec.it p. 126

Metalleido Components S.r.l. (Borgo Fornari, Genova) www.metalleido.it p. 179

Micron Technology Italia S.r.l. (Avezzano, L'Aquila) www.micron.com/italy pp. 107, 108, 145

MILL Srl (Milano)	p. 125
Nuova Rade (Casella, Genova) – www.nuovarade.com	p. 180
OSRAM S.p.A. – www.osram.it	p. 85
Pezzol S.r.l. (Barletta, Bari) – www.pezzol.it	p. 167
Pirelli Labs (Milano) – www.it.pirellilabs.com/web/default.page	p. 55
Plastal S.p.A. (Oderzo, Treviso) – www.plastal.it	p. 85
Portovesme S.r.l. (Carbonia-Portoscuso, Cagliari) – www.portovesme.it	p. 133
Pramac S.p.A. (Casole d'Elsa, Siena) – www.pramac.com	p. 55
Pramac Swiss SA (Riazzino, CH) – http://solar.pramac.com/	p. 55
Prima S.p.A. (Torrice, Frosinone) – www.gruppoprima.com	p. 88
Qualital Servizi Srl (Cameri, Novara) – www.qualital.eu	p. 183
RIVA S.p.A. (La Spezia) – www.riva-yacht.com	p. 101
Saras S.p.A (Sarroch, Cagliari) – www.saras.it	p. 81
Selex Sistemi Integrati S.p.A. (Roma) – www.selex-si.com	p. 89
Siemens S.p.A. (Milano) – www.siemens.it	pp. 75, 85
Tecdis S.p.A. (Aosta)	p. 97
Teksid S.p.A. (Torino) – www.teksid.com	p. 153
Tecnomare S.p.A. (Venezia) – www.tecnomare.it	p. 43
Trelleborg Wheel System S.p.A. (Tivoli, Roma) www.trelleborg.com/it/wheelsystems/IT/	p. 69
Zwick Roell Italia (Genova) – www.zwickroell.it	p. 179

Indice degli Enti di Ricerca

CERN - European Organization for Nuclear Research (Ginevra, CH) www.cern.ch	p. 163
CIVEN - Coordinamento Interuniversitario VEneto per le Nanotecnologie (Venezia-Marghera) – www.civen.org	p. 129
CNR - Consiglio Nazionale delle Ricerche (Roma) – www.cnr.it	pp. 78, 97, 176, 195, 199
CNR - Area della Ricerca di Genova (Genova) – www.ge.cnr.it	p. 197
CNR - Area della Ricerca di Roma2 Tor Vergata (Roma) www.artov.rm.cnr.it	p. 187
CNR - IC, Istituto di Cristallografia (Bari) – http://www.ic.cnr.it/index.php	p. 93
CNR - ICIS, Istituto di Chimica Inorganica e delle Superfici (Padova) http://www.icis.cnr.it	p. 199
CNR - IENI, Istituto per l'Energetica e le Interfasi (Padova) http://www.ieni.cnr.it	pp. 6, 31, 199

CNR - IIT, Istituto di Informatica e Telematica (Pisa) – www.iit.cnr.it p. 197

CNR - IMIP, Istituto di Metodologie Inorganiche e dei Plasmi (Bari) http://www.imip.cnr.it/Templates/BARI_lines.html pp. 48, 168

CNR - INFM LIT3 (Bari) – http://www.lit3.uniba.it/ p. 65

CNR - IPCF, Istituto per i Processi Chimico-Fisici (Rende, Cosenza) www.ipcf.cnr.it – http://www.licryl.it/ p. 195

CNR - ISOF, Istituto per la Sintesi Organica e la Fotoreattività (Ferrara) www.isof.cnr.it/institute.html p. 200

CNR - ITM, Istituto per la Tecnologia delle Membrane (Rende, Cosenza) www.itm.cnr.it p. 176

ENEA - Agenzia nazionale per le nuove tecnologie, l'energia e lo sviluppo economico sostenibile (Roma) – www.enea.it p. 26

ENEA - Centro Ricerche Casaccia (Roma) – www.casaccia.enea.it p. 187

ENEA - Centro Ricerche Frascati (Frascati, Roma) – www.frascati.enea.it p. 69

IIT - Istituto Italiano di Tecnologia (Genova) – www.iit.it pp. 26, 93

INFM - Istituto Nazionale per la Fisica della Materia (Genova) www.infm.it pp. 26, 73, 153, 195

INFN - Istituto Nazionale di Fisica Nucleare (Sezione di Bari) www.ba.infn.it pp. 48, 145

INFN - Laboratori Nazionali di Legnaro (Padova) – www.lnl.infn.it pp. 59, 121, 163

KEK - High Energy Accelerator Research Organization (Tsukuba, J) www.kek.jp p. 166

Indice delle Università

Cornell University (New York, USA) – www.cornell.edu p. 164

IUSS - Istituto Universitario di Studi Superiori (Pavia) – www.iusspavia.it p. 74

MIT - Massachusetts Institute of Technology (Boston, USA) www.mit.edu pp. 37, 78

Politecnico di Bari – www.poliba.it p. 47

Politecnico di Milano – www.polimi.it p. 125

Politecnico di Torino – www.polito.it p. 185

Università degli Studi di Bari Aldo Moro – www.uniba.it pp. 17, 32, 47, 65, 93, 117, 145, 167

Università della Calabria (Arcavacata di Rende, Cosenza) – www.unical.it pp. 17, 32, 97, 175, 179, 195, 206

Università degli Studi di Cagliari – www.unica.it pp. 17, 32, 81, 133, 157, 187

Università degli Studi di Ferrara – www.unife.it p. 200

Università degli Studi di Genova – www.unige.it pp. 17, 32, 51, 73, 101, 137, 179
Università degli Studi di Milano Bicocca – www.unimib.it pp. 15, 17, 32, 55, 125, 191
Università degli Studi di Padova – www.unipd.it pp. 17, 32, 59, 77, 121, 129, 163, 187, 199
Università degli Studi di Palermo – www.unipa.it p. 195
Università degli Studi di Parma – www.unipr.it pp. 17, 193
Università degli Studi del Piemonte Orientale – www.unipmn.it pp. 17, 32, 141, 183
Università degli Studi di Roma Tor Vergata – www.uniroma2.it pp. 7, 11, 17, 19, 31, 32, 37, 69, 89, 107, 111, 149, 161, 200, 205
Università degli Studi di Roma Tre – www.uniroma3.it p. 149
Università degli Studi di Torino – www.unito.it pp. 17, 32, 111, 153
Università degli Studi di Venezia Ca' Foscari – www.unive.it pp. 17, 32, 43, 85, 129, 171
Università IUAV di Venezia – www.iuav.it p. 129
Università degli Studi di Verona – www.univr.it p. 129
University of Cambridge (UK) – www.cam.ac.uk p. 37
University of Fribourg (CH) – www.unifr.ch p. 197
University of New South Wales (Sidney, AUS) – www.unsw.edu.au p. 37
University of Prague (CZ) – www.cuni.cz p. 157
University of Vienna (A) – www.univie.ac.at p. 51

Indice degli Altri Enti

AIV - Associazione Italiana di Scienza e Tecnologia, ex Associazione Italiana del Vuoto (Milano) – www.aiv.it p. 197
ATA - Associazione Tecnica dell'Automobile (Orbassano, Torino) www.ata.it p. 180
Consorzio Ferrara Ricerche (Ferrara) – www.consorzioferuararicerche.it p. 61
Fondazione CUOA (Altavilla Vicentina, Vicenza) – www.cuoa.it p. 124
IEDC-Bled School of Management (Bled, SLO) – www.iedc.si p. 88
Istituto Italiano della Saldatura (Genova) – www.iis.it pp. 84, 137
Istituto di Ricerche Chimiche e Biochimiche "G. Ronzoni" (Milano) www.ronzoni.it p. 191
Parco Tecnologico Sardegna Ricerche (Pula, Cagliari) www.sardegnaricerche.it p. 135
Sincrotrone Trieste (Trieste) – www.elettra.trieste.it p. 197

Indice dei Nomi

Abate Salvatore	pp. 34, 195
Amendola Vincenzo	pp. 34, 77
Ballauri Laura	pp. 34, 183
Battiston Simone	pp. 6, 31, 34, 199
Bernardi Marco	pp. 34, 37
Biggi Alessandra	pp. 34, 101
Cazziol Paolo	pp. 34, 85
Conterosito Eleonora	pp. 34, 141
Dainese Umberto	pp. 34, 171
Dallegri Marcello	pp. 34, 51
Di Salvo Antonello	pp. 34, 161
Gabbia Antonio	pp. 34, 81
Galimberti Nadia	pp. 34, 55
Gardini Cristina	pp. 34, 191
Giallongo Giuseppe	pp. 34, 187
Lanza Giulia	pp. 34, 163
Lentini Fausto	pp. 34, 175
Liotti Manuela	pp. 34, 111
Marongiu Federico	pp. 34, 153
Mori Fabrizio	pp. 34, 133
Panciera Nicola	pp. 34, 43
Pane Alfredo	pp. 34, 97
Patron Niccolò	pp. 34, 59
Picasso Sergio	pp. 34, 137
Povia Mauro	pp. 34, 93
Renati Paolo	pp. 34, 73
Restello Silvio	pp. 34, 121
Rizzo Antonello	pp. 34, 149
Rizzo Francesco	pp. 34, 47
Roselli Alessandro	pp. 34, 65
Ruscitti Stefano	pp. 34, 107
Russolillo Matteo	pp. 34, 179
Stendardo Silvestro	pp. 34, 145
Stramaglia Pasquale	pp. 34, 117
Toschi Francesco	pp. 34, 89
Tucci Giuseppe	pp. 34, 167
Vassallo Emanuela	pp. 34, 125
Viglietta Annalisa	pp. 34, 69
Zanchetta Valerio	pp. 34, 157
Zottarel Lorenzo	pp. 34, 129

ISBN 978-88-470-1761-0
€ 24,00

Finito di stampare nel mese di novembre 2010